高职高专工业机器人技术专业规划教材

# 工业机器人应用系统三维建模

郜海超　主　编

黄双成　李凤银　副主编

崔　玥　主　审

化学工业出版社

·北京·

本教材是根据高等教育教学要求及教学改革发展的需要，以"必需、够用"为原则，注重理论与实践、学校与企业实际相结合，结合高等院校近年来教学改革的经验与成果进行编写的。

全书共分为6个项目，分别为初识 SolidWorks 2016、工业机器人零部件二维草图设计、工业机器人零部件造型设计、工业机器人零部件装配仿真、工业机器人零部件工程图设计、工业产品三维逆向建模设计，下设 20 个任务，分别是 SolidWorks 2016 界面的基本操作、SolidWorks 常用工具栏的认识、SolidWorks 系统选项的认识、基本草图绘制、等距实体图形绘制、草图镜像图形绘制、草图阵列图形绘制、草图倒角图形绘制、工业机器人轴类零部件造型、工业机器人法兰类零部件造型、工业机器人齿轮类零部件造型、工业机器人标准零部件造型、工业机器人叉架零部件造型、工业机器人零部件三维曲面造型、工业产品装配体设计、工业机器人腕部装配、工业机器人轴类零件工程图、工业产品装配工程图设计、认识逆向工程、Geomagic Design X 逆向建模。

本教材可作为高职高专院校的工业机器人类、机械类、机电类、数控类专业教学用教材，也可供相关专业工程技术人员参考用书。

**图书在版编目（CIP）数据**

工业机器人应用系统三维建模/郜海超主编. —北京：
化学工业出版社，2017.12（2024.1 重印）
高职高专工业机器人技术专业规划教材
ISBN 978-7-122-30817-7

Ⅰ.①工…　Ⅱ.①郜…　Ⅲ.①工业机器人-设计-
高等职业教育-教材　Ⅳ.①TP242.2

中国版本图书馆 CIP 数据核字（2017）第 255719 号

责任编辑：韩庆利　李　娜　　　　　　　　文字编辑：张绪瑞
责任校对：边　涛　　　　　　　　　　　　装帧设计：刘丽华

出版发行：化学工业出版社（北京市东城区青年湖南街 13 号　邮政编码 100011）
印　　装：北京印刷集团有限责任公司
787mm×1092mm　1/16　印张 15½　字数 416 千字　　2024 年 1 月北京第 1 版第 5 次印刷

购书咨询：010-64518888　　　　　　　　售后服务：010-64518899
网　　址：http://www.cip.com.cn
凡购买本书，如有缺损质量问题，本社销售中心负责调换。

定　价：48.00 元

　　《工业机器人应用系统三维建模》是根据工业机器人专业、机械设计与制造专业、机电一体化专业人才培养目标而编写的教材。

　　在本书的编写过程中，我们始终坚持以就业为导向，将软件的操作方法与专业设计有机地融合到每一个项目实训中，充分体现了"教—学—做"一体化的项目式教学特色，让学生边学习理论知识，边实训操作，加强感性认识，达到事半功倍的效果。

　　本书适用学时为64学时，少学时的教学内容可根据需要进行删减。本书可作为高职高专类院校设计软件课教材，CAD/CAM爱好者及竞赛、考证培训班的练习用书，书中的范例以及技能考核题取材于企业用工业机器人零部件及辅助件，实现学习与就业无缝对接。

　　本教材具有以下鲜明特色：

　　1. 注重将软件操作与范例实训紧密结合，突出实践环节的基本操作能力。

　　2. 注重就业需求，以培养职业岗位群的综合能力为目标，充实训练模块内容，强化应用，有针对性地培养学生较强的职业技能。

　　3. 以六大项目为主线把三维建模中所涉及的工程制图、SolidWorks正向建模软件、Geomagic Design X逆向建模等内容有机地融入其中，对各部分内容进行整合和精选，通过融合和渗透，减少彼此之间内容上的重叠，使各部分内容联系更加密切。

　　4. 教材内容的取舍上，体现以生产实际为依据，突出应用性；以技能培养为主线，突出实践性；渗透"产业、行业、企业、职业、实践"5个要素，凸现职业教育特点。

　　5. 为了更好地引导教师和学生实现教学目标，教材以行动为导向，以工学结合人才培养模式改革与实践为基础，按照典型性、对知识和能力的覆盖性、可行性原则，设计教学载体，明确教学内容，使学生在职业情境中"学中做，做中学"。

　　本书由郜海超主编，黄双成、李凤银任副主编。各章编写分工为：吕弯弯编写项目一；韩海敏编写项目二；郜海超编写项目三；黄双成编写项目四；白金柯编写项目五；李凤银编写项目六。郜海超对全书的编写思路及内容的安排进行了总体策划，指导全书编写，并负责统稿和定稿。

　　全书由天津彼洋科技有限公司总经理崔玥博士主审，为全书提出了许多宝贵的意见，北京三维天下科技股份有限公司闫学文总经理为本书的编写给予了大力支持和帮助，在此表示感谢！

　　由于编者水平有限和时间仓促，书中难免有不妥之处，恳请读者批评指正，以尽早修订完善。

编　者

工业机器人应用系统三维建模

CONTENTS

# 目 录

# 项目一 初识SolidWorks 2016

## 【项目教学导航】

| 学习目标 | 让学生了解参数化三维建模的特点、SolidWorks 2016 工作界面和特点、特征的概念和特征在三维建模中的应用，并能够对 SolidWorks 进行一些基本设置 | | | |
|---|---|---|---|---|
| 项目要点 | ※ 程序的启动、退出<br>※ 操作界面<br>※ 文件操作<br>※ 界面的个性化设置<br>※ 鼠标与键盘的应用<br>※ 常用工具栏<br>※ 对象选择方式<br>※ 对象的隐藏与可视 | | | |
| 重点难点 | SolidWorks 的基本概念及基本配置 | | | |
| 学习指导 | 学习本项目时要注意：根据 SolidWorks 的特点，熟悉它的界面，能够根据使用习惯对作图环境进行设置，使绘图标注更加适应国标，提高作图效率。需要在学习中结合工程制图相关知识通过不断练习，才能够达到要求 | | | |
| 教学安排 | 任务 | 教学内容 | 学时 | 作业 |
| | 任务 1.1 | SolidWorks 2016 界面的基本操作 | 2 | 任务 1.1 附带知识考核、技能考核 |
| | 任务 1.2 | SolidWorks 常用工具栏的认识 | 1 | 任务 1.2 附带知识考核 |
| | 任务 1.3 | SolidWorks 系统选项的认识 | 1 | 任务 1.3 附带知识考核、技能考核 |

## 【项目简介】

SolidWorks 是由美国 SolidWorks 公司自主开发的三维机械 CAD 软件。自 1995 年问世以来，SolidWorks 以其强大的功能、易用性和创新性，极大地提高了机械工程师的设计效率，在与同类软件的竞争中逐步确立了其市场地位。其强大的绘图功能、空前的易用性，以及一系列旨在提升设计效率的新特性，不断推进业界对三维设计的采用，也加速了整个 3D 行业的发展步伐。

SolidWorks 是一款基于 Windows 平台开发的三维（3D）CAD 系统，目前在用户数量、客户满意度和操作效率等方面均是主流市场上排在世界前列的三维设计软件。在三维模型向二维工程图的转换方面，SolidWorks 具有十分突出的优势，是替换二维（2D）设计工具的首选三维设计工具。

通过本项目的学习，读者应熟悉：程序的启动、退出；操作界面；文件操作；界面的个性化设置；鼠标与键盘的应用；常用工具栏；对象选择方式；对象的隐藏和可视；操纵视图；参考几何体等。

# 任务 1.1　SolidWorks 2016 界面的基本操作

## 知识点

- ◎ SolidWorks 2016 界面的组成。
- ◎ 鼠标的操作。
- ◎ 图形的显示控制。

## 技能点

- ◎ 熟练掌握 SolidWorks 2016 界面操作及 SolidWorks 2016 视图的操作。
- ◎ 能根据工作需要显示或隐藏部件，改变部件显示颜色。
- ◎ 能熟练掌握 SolidWorks 2016 的启动、界面组成、使用及退出。

## 任务描述

通过完成本任务，使读者掌握 SolidWorks 软件的特点、启动、界面的组成和使用，能在界面里进行基本操作，比如正确使用鼠标、更换角色、更改对象的显示状态；能熟练进行文件操作，会进行工具按钮的显示和隐藏操作。

## 任务实施

### 1.1.1　任务实施规划

具体规划方案见表 1-1。

表 1-1　任务实施方案设计表

| 步骤 | 1. SolidWorks 2016 的启动 | 2. SolidWorks 2016 的退出 | 3. SolidWorks 2016 的用户界面 |
|---|---|---|---|
| 图示 |  | | |
| 步骤 | 4. 新建、保存和关闭文件 | 5. 界面的个性化设置 | 6. SolidWorks 用户界面操作应用 |
| 图示 |  | | |

### 1.1.2 参考操作步骤

**1. SolidWorks 的启动**

（1）通常在安装完 SolidWorks 2016 以后，会在 Windows 的桌面上生成快捷方式，双击快捷方式图标 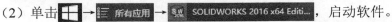 ，启动 SolidWorks，如图 1-1 所示。

（2）单击 ，启动软件。

图 1-1　SolidWorks 启动

**2. SolidWorks 的退出**

（1）使用标题栏右上角的 ✕ 按钮退出 SolidWorks。

（2）使用菜单【文件】→【退出】退出 SolidWorks。

**3. 认识 SolidWorks 2016 的用户界面**

如图 1-2 所示，图中显示了 SolidWorks 2016 用户界面的主要部分，界面右侧中包含了"SolidWorks 资源"弹出面板，在面板上包括："开始"面板、"在线资源"面板及"日积月累"提示框等。用户可以通过 >> 按钮显示或隐藏。

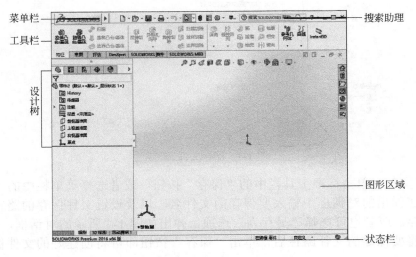

图 1-2　SolidWorks 2016 用户界面

#### 4．新建、保存和关闭文件

（1）方式一

① 单击窗口左上角的"新建"图标 📄，或者选择菜单栏中的"文件"|"新建"命令，即可弹出如图 1-3 所示的"新建 SolidWorks 文件"对话框，新建文件 sample1-1-01.sldprt，存储路径选择"F:"，如图 1-4 所示。

图 1-3　新建文件

图 1-4　保存文件（一）

② 保存文件。单击标准工具栏中的"保存"按钮，或者选择菜单栏中的"文件"|"保存"命令，在弹出的对话框中输入要保存的文件名，以及设置文件保存的路径，便可以将当前文件保存。或者也可选择"另存为"选项，弹出如图 1-4 所示的对话框，在"另存为"选项中更改将要保存的文件路径后，单击"保存"按钮即可将创建好的文件保存在指定的文件夹中。

③ 关闭文件依次使用菜单【文件】→【关闭】→【全部保存】，如图 1-5 所示。

（2）方式二

① 使用快捷键"Ctrl+N"新建零件 sample1-1-02.sldprt。

② 保存文件使用快捷键"Ctrl+S"。

③ 关闭文件使用菜单【文件】→【关闭】→【全部保存】。

④ 使用菜单【文件】→【打开】打开 F 盘下的文件 sample1-1-01.sldprt。

⑤ 使用快捷键"Ctrl+O"打开 F 盘下的文件 sample1-1-02.sldprt。

**SOLIDWORKS**　　　　　　　　　✕

⚠ 保存修改过的文档

一个或多个因此操作而被关闭的文档已作修改。

→ 全部保存(S)
　将保存所有修改的文档

→ 不保存(N)
　将丢失对未保存文档所作的所有修改。

取消

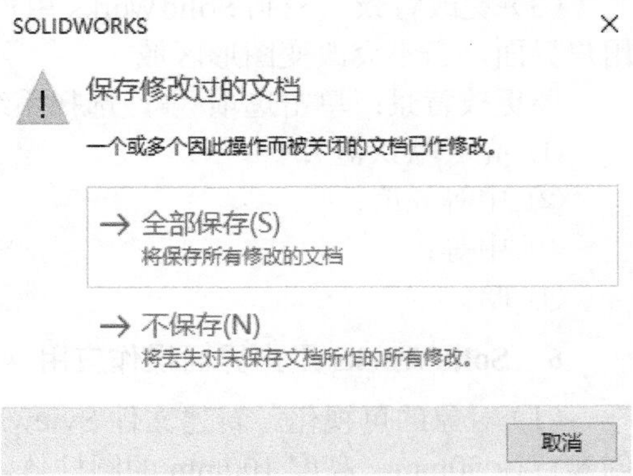

图 1-5　保存文件（二）

### 5. 界面的个性化设置

用户可以根据自己的需要自定义工作界面。首先建立新建零件或装配体后，通过"自定义"对话框，用户可以对 Solidworks 命令、菜单、工具栏、快捷键进行相关的自定义。

（1）工具栏移动　拖动工具栏的起点或边沿，远离窗口边框以在图形区域中浮动工具栏。浮动工具栏显示标题栏。靠近窗口边框以将工具栏定位在边框。若想将工具栏移回到其先前位置，双击起点或标题栏即可，如图 1-6 所示。

图 1-6　工具栏的移动

（2）自定义工具栏（如图 1-7 所示）

① 将鼠标指向任一工具栏并右击，在弹出的快捷菜单中选择"自定义"命令。

② 添加命令按钮。选择一范畴，然后单击按钮来查看其说明，也可以拖动按钮到任何工具栏。

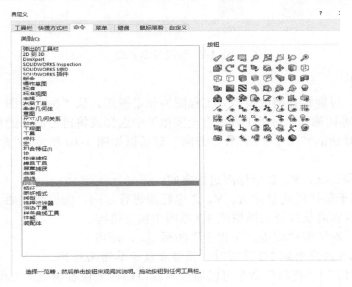

图 1-7　自定义工具栏

（3）更改背景　控制 SolidWorks 用户界面的背景明暗度。背景设置会影响图形区域周围的用户界面，但不会改变图形区域。

要更改背景：单击选项 ⚙，选择系统选项，颜色。为背景选择以下项之一：

① 亮（默认值）；

② 中等亮度；

③ 中等；

④ 暗。

**6. SolidWorks 用户界面操作应用**

（1）对象的可视化　新建文件 Sview. sldprt 后，选择"特征"工具栏中"拉伸凸台/基体" 🗗 创建直径 50mm、高度 100mm 的圆柱体。然后完成以下任务。

① 线框图。单击 🞄 可使 SolidWorks 软件以线架构模式，显示工作图文件里的 3D 模型图形。在这种模式下，3D 模型图形的可见棱边以及不可见的棱边线条，都同样以实线来显示，如图 1-8（a）所示。

② 隐藏线可见。单击 🞄 工具按钮，SolidWorks 软件会以不同的颜色，分别显示工作图文件里 3D 模型的可见棱边以及隐藏线图形。而隐藏线图形，则呈现为深灰色线条。不特别指定时，SolidWorks 软件默认会使用黑色实线，显示 3D 模型的可见棱边线条，如图 1-8（b）所示。

③ 消除隐藏线。单击 🞄 工具按钮，SolidWorks 软件暂时不显示工作图文件里 3D 模型图形的隐藏线，如图 1-8（c）所示。

④ 带边线上色。单击 🞄 工具按钮，SolidWorks 软件会以带边线上色模式，显示工作图文件里的 3D 模型图形，如图 1-8（d）所示。

⑤ 上色。单击 🞄 工具按钮，SolidWorks 会以上色模式，显示工作图文件里的 3D 模型图形，如图 1-8（e）所示。

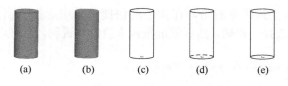

|（a）|（b）|（c）|（d）|（e）|

图 1-8　模型显示方式

（2）操纵视图

① 视图定向。可旋转并缩放模型或工程图为预定视图。从"标准视图"（对于模型有正视于、前视、后视、等轴测等，对于工程图有全图纸）中选择或将自己命名的视图增加到清单中。

"标准视图"对话框如图 1-9 所示，"方向"对话框如图 1-10 所示，"命名视图"对话框如图 1-11 所示。

② 将模型定向到 X、Y、Z 坐标而进行定向。

要将模型正视于最接近的整体 X、Y、Z 坐标面进行定向，操作步骤如下：

a. 不选任何内容而从打开的模型或 3D 草图中按空格键。

b. 从"方向"对话框中双击"正视于"图标 ↥，即可。

**注意**：当将此方法应用到 2D 草图时，模型正视于草图而对齐。

通过选择"窗口"|"视口"命令可以通过多视口切换来查看模型或工程图，如图 1-12 所示为选择"四视图"菜单命令后的操作界面。

图 1-9 "标准视图"对话框    图 1-10 "方向"对话框    图 1-11 "命名视图"对话框

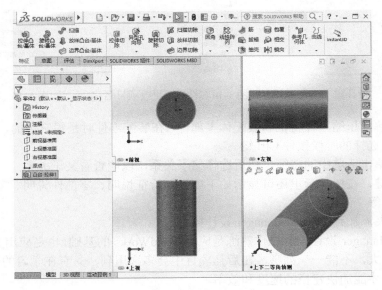

图 1-12 "四视图"操作界面

（3）设计树操作　FeatureManager 设计树位于 SolidWorks 2016 窗口的左侧，是 SolidWorks 2016 软件窗口中比较常用的部分，它提供了激活的零件、装配体或工程图的大纲视图，从而可以很方便地查看模型或装配体的构造情况，或者查看工程图中的不同图纸和视图。

FeatureManager 设计树和图形区域是动态链接的。在使用时可以在任何窗格中选择特征、草图、工程视图和构造几何线。

FeatureManager 设计树就是用来组织和记录模型中的各个要素及要素之间的参数信息和相互关系，以及模型、特征和零件之间的约束关系等，几乎包含了所有设计信息。FeatureManager 设计树的内容如图 1-13 所示。

FeatureManager 设计树的功能主要有以下几种。

◆ 以名称来选择模型中的项目：即可以通过在模型中选择其名称来选择特征、草图、基准面及基准轴。SolidWorks 2016 在这一项中很多功能与 Window 操作界面类似，比如在选择的同时按住 Shift 键，可以选取多个连续项目。在选择的同时按住 Ctrl 键，可以选取非连续项目。

◆ 确认和更改特征的生成顺序：在 FeatureManager 设计树中利用拖动项目可以重新调整特征的生成顺序，这将更改重建模型时特征重建的顺序。

◆ 通过双击特征的名称可以显示特征的尺寸。

　　◆　如要更改项目的名称，在名称上缓慢单击两次以选择该名称，然后输入新的名称即可（如图 1-14 所示）。

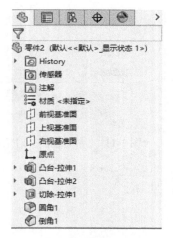

图 1-13　设计树　　　　图 1-14　设计树更改项目名称　　　　图 1-15　实体外观设计

　　◆　压缩和解除压缩零件特征和装配体零部件，在装配零件时是很常用的，同样，如要选择多个特征，请在选择的时候按住 Ctrl 键。

　　◆　用右键单击清单中的特征，然后选择父子关系，以便查看父子关系。

　　◆　单击右键，在树显示里还可显示如下项目：特征说明、零部件说明、零部件配置名称、零部件配置说明等。

　　◆　将文件夹添加到 FeatureManager 设计树中。

　　对 FeatureManager 设计树的操作熟练是应用 SolidWorks 的基础，也是应用 SolidWorks 的重点，由于功能强大，不能一一列举，在后几项目中会多次用到，只有在学习的过程中熟练应用设计树的功能，才能加快建模的速度和效率。

　　注意：利用鼠标右键点击"实体"，选择"外观"|"外观标注"，在视图上会跳出如图 1-15 所示的显示标注对话框，可以用来设置实体的颜色或纹理。

　　**7．鼠标与键盘的应用**

　　（1）鼠标按键的功能

　　◆　左键：可以选择功能选项或者操作对象。

　　◆　右键：显示快捷键。

　　◆　中键：只能在图形区使用，一般用于旋转、平移和缩放。在零件图和装配体的环境下，按住鼠标中键不放，移动鼠标就可以实现旋转；在零件图和装配体的环境下，先按住 Ctrl 键，然后按住鼠标中键不放，移动鼠标就可以实现平移；在工程图的环境下，按住鼠标中键，就可以实现平移；先按住 Shift 键，然后按住鼠标中键移动鼠标就可以实现缩放，如果是带滚轮的鼠标，直接转动滚轮就可以实现缩放。

　　（2）键盘快捷键功能　　SolidWorks 2016 中快捷键分为加速键和快捷键。

　　①　加速键。大部分菜单项和对话框中都有加速键，由带下画线的字母表示。这些键无法自定义。

　　如想为菜单或在对话框中显示带下画线的字母，可按 Alt 键。

　　若想访问菜单，可按 Alt 再加上有下画线的字母。例如，按 Alt+F 组合键即可显示文件菜单。

若想执行命令，在显示菜单后，继续按住 Alt 键，再按带下画线的字母，如按 Alt+F 组合键，然后按 C 键关闭活动文档。

加速键可多次使用。继续按住该键可循环通过所有可能情形。

② 快捷键。键盘快捷键为组合键，如在菜单右边所示，这些键可自定义。一些常用的快捷键，如表 1-2 所示。

表 1-2　常用的快捷键

| 操作 | 快捷键 | 操作 | 快捷键 |
|---|---|---|---|
| 放大 | Shift+Z | 重复上一命令 | Enter |
| 缩小 | Z | 重建模型 | Ctrl+B |
| 整屏显示全图 | F | 绘屏幕 | Ctrl+R |
| 视图定向菜单 | 空格键 | 撤销 | Ctrl+Z |

③ 鼠标和键盘组合键如表 1-3 所示。

表 1-3　鼠标和键盘组合键

| 鼠标操作 | 用途 |
|---|---|
| Shift+鼠标中键 | 可缩放模型：向前滚，模型放大；向后滚，模型缩小 |
| Ctrl+鼠标中键 | 移动鼠标，可上下、左右移动模型 |
| 鼠标中键 | 移动鼠标，可旋转模型 |

### 8. 完成 SolidWorks 界面的基本操作

保存文件，退出 SolidWorks。

## 【填写"课程任务报告"】

课程任务报告

| 班级 | | 姓名 | | 学号 | | 成绩 | |
|---|---|---|---|---|---|---|---|
| 组别 | | 任务名称 | SolidWorks 2016 界面的基本操作 | | | 参考学时 | 2 学时 |
| 任务要求 | 1. 掌握 SolidWorks 2016 的文件操作<br>2. 掌握 SolidWorks 2016 工具栏的有关操作<br>3. 能熟练进行视窗的放大、平移和旋转操作<br>4. 掌握对象隐藏和显示的方法 | | | | | | |
| 任务完成<br>过程记录 | 总结的过程按照任务的要求进行，如果位置不够可加附页（可根据实际情况，适当安排拓展任务供同学分组讨论学习，此时以拓展训练内容的完成过程进行记录） | | | | | | |

1.1

### 1. 知识考核

（1）快捷键的使用：新建文件_____；打开文件_____；保存文件_____。

（2）通过选择"窗口"|"视口"命令可以通过多视口切换来查看模型或工程图。（　　）

（3）鼠标中键只能在图形区使用，一般用于旋转、平移和缩放。（　　　）

（4）SolidWorks 2016 中快捷键分为加速键和快捷键。（　　　）

（5）简述 SolidWorks 2016 界面操作步骤。

**2. 技能考核**

新建一空文件"练习一.sldprt"；保存文件；打开"练习一.sldprt"。

# 任务 1.2　SolidWorks 常用工具栏的认识

 **知识点**

◎ 标准工具栏。

◎ 草图绘制工具栏、尺寸/几何关系工具栏。

◎ 特征工具栏、工程图工具栏、装配工具栏。

 **技能点**

◎ 熟练掌握草图绘制工具栏、特征工具栏、装配工具栏。

◎ 能根据工作需要灵活选用不同的工具命令。

 **任务描述**

通过完成本任务，使读者掌握 SolidWorks 标准工具栏、草图绘制工具栏、尺寸/几何关系工具栏、特征工具栏、工程图工具栏、装配工具栏等各工具命令的含义，能根据需要灵活选用不同的工具命令。

 **任务实施**

## 1.2.1　任务实施规划

具体规划方案见表 1-4。

表 1-4　任务实施规划表

| 项目 | 图标 |
| --- | --- |
| 标准工具栏 | 标准(S) |
| 视图工具栏 | 视图(V) |
| 草图绘制工具栏 | 草图(K) |
| 尺寸/几何关系工具栏 | 尺寸/几何关系(R) |

续表

| 项目 | 图标 |
|------|------|
| 特征工具栏 | 特征(F) |
| 工程图工具栏 | 工程图(D) |
| 装配体工具栏 | 装配体(A) |

## 1.2.2 参考操作步骤

尽快熟悉工具栏中的命令，是进行下一步工作的重点。下面就来介绍标准工具、视图工具、尺寸/几何关系工具、草图工具、特征工具、公差图工具等比较常用的几种工具栏中的命令。

### 1. 标准工具

SolidWorks 软件提供的"标准"工具栏如图 1-16 所示，它包括的工具按钮的含义图解如下。

（从零件/装配体制作工程图）按钮：单击可利用当前编辑的零件或者装配体制作生成工程图。

（从零件/装配体制作装配体）按钮：单击可利用当前的零件/装配体制作生成新的装配体。

（编辑颜色）按钮：单击会弹出如图 1-17 所示的"颜色和光学"PropertyManager 设计树，设置好其中的属性选项后，可以将该颜色和光学环境快速地应用到面、特征、零部件以及装配体上。

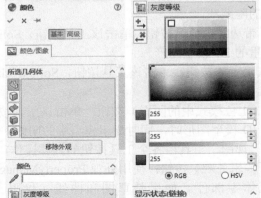

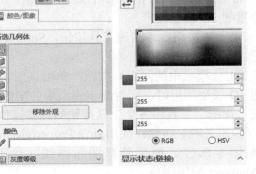

图 1-16 "标准"工具栏　　　　图 1-17 "颜色和光学"设计对话框

**2. 视图工具栏**

SolidWorks 软件提供的"视图"工具栏如图 1-18 所示，它包括的工具按钮的含义图解如下。

（上一视图）按钮：单击可以显示上一视图。

（整屏显示全图）按钮：单击可将目前工作窗口中的 3D 模型图形以及相关的图文资料，以可能的最大显示比例，全部纳入绘图区的图形显示区域之内。

（放大图纸）按钮：放大图纸可在当前视口将工程图纸放大到其最大尺寸。 如果存在前导视图工具栏或任务窗格等界面元素，该工具将以适合窗口的尺寸放大图纸，使任何部分都显示在界面元素上方。

（3D 工程图视图）按钮：可将工程图视图旋转出其基准面，以查看被其他实体遮掩的零部件或边线。3D 工程图视图会引起工程图视图的临时变化。3D 工程图视图用来使在工程图视图中选取几何体更容易一些。

（剖面视图）按钮：先在工作图文件里单击某个参考平面，再单击该工具按钮，即可对工作图文件里的 3D 模型图表，产生一个瞬时性质的剖面视图。

（标准视图）按钮：该按钮下集合了多种视图的显示方式，单击该工具按钮后，会弹出如图 1-19 所示的下拉列表，列表中各工具的含义一目了然，这里不再赘述。

图 1-18 "视图"工具栏

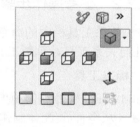

图 1-19 标准视图按钮

（线架图）按钮：单击可使 SolidWorks 软件以线架构模式，显示工作图文件里的 3D 模型图形。在这种模式下，3D 模型图形的可见棱边以及不可见的棱边线条，都同样以实线来显示。

（隐藏线变暗）按钮：单击该工具按钮，SolidWorks 软件会以不同的颜色，分别显示工作图文件里 3D 模型的可见棱边以及隐藏线图形。而隐藏线图形，则呈现为深灰色线条。不特别指定时，SolidWorks 软件默认会使用黑色实线，显示 3D 模型的可见棱边线条。

（消除隐藏线）按钮：单击该工具按钮，SolidWorks 软件暂时不显示工作图文件里 3D 模型图形的隐藏线。

（带边线上色）按钮：单击该工具按钮，SolidWorks 软件会以带边线上色模式，显示工作图文件里的 3D 模型图形。

（上色）按钮：单击该工具按钮，SolidWorks 会以上色模式，显示工作图文件里的 3D 模型图形。

（上色模式中的阴影）按钮：单击该工具按钮，SolidWorks 会以上色模式显示工作图文件里的 3D 模型图形时，同时显示模型中的阴影。

有关"视图"工具栏各个工具按钮的具体操作，详细内容见后面章节中的相关应用说明。

（编辑外观）按钮：使用外观 PropertyManager 可将颜色、材料外观和透明度应用到零件和装配体零部件。如果是草图和曲线（仅限于草图和曲线），则使用草图/曲线颜色 PropertyManager 应用颜色。

（应用布景）按钮：布景在模型后面提供一可视背景。在 SolidWorks 中，它们在模型上提供反射。在插入了 PhotoView 360 插件时，布景提供逼真的光源，包括照明度和反射，从而要求更少光源操纵。布景中的对象和光源可在模型上形成反射并可在楼板上投射阴影。

　　　（视图设定）按钮：切换各种视图设定，如透视，在上色模式下加阴影，环境封闭等。

**3．草图绘制工具**

　　SolidWorks 软件提供的"草图"工具栏如图 1-20 所示，它包括的部分工具按钮的含义图解如下。

图 1-20　"草图"工具栏

　　　（草图绘制）按钮：在任何默认基准面或自己设定的基准上，通过单击该工具按钮，可以在特定的面上生成草图。

　　　（3D 草图绘制）按钮：单击可以在工作基准面上或在 3D 空间的任意点生成 3D 草图实体。

　　　（直线）按钮：单击并依序指定线段图形的起点以及终点位置，可在工作图文件里，生成一条绘制的直线。

　　　（矩形）按钮：单击并依序指定矩形图形的两个对角点位置，可在工作图文件里，生成一个矩形。

　　　（圆）按钮：单击并用左键指定圆圆形的圆心点位置后，拖动鼠标指针，可在工作图文件里，生成一个圆形。

　　　（圆心/起/终点画弧）按钮：单击并依序指定圆弧图形的圆心点、半径、起点以及终点位置，可在工作图文件里，生成一个圆弧。

　　　（切线弧）按钮：单击并依序指定圆弧图形的起点以及终点位置，可在工作图文件里，生成一个在起点处与某个既有的直线、或是圆弧像素相似的圆弧。

　　　（三点定弧）按钮：单击并依序指定圆弧的起点、终点以及弧上一点位置，可在工作图文件里，生成一个圆弧。

　　　（圆角）按钮：先在工作图文件里，单击两个不平行的线性草图图形，再单击该工具按钮，系统会打开"绘制圆角"PropertyManager 设计树，供用户对工作窗口里被选取的 2D 像素，进行圆角的操作。

　　　（中心线）按钮：单击并依序指定中心线的起点以及终点位置，可在工作图文件里，生成一条中心线。

　　　（样条曲线）按钮：单击并依序指定曲线图形的每个"经过点"位置，可在工作图文件里，生成一条不规则曲线。

　　　（点）按钮：将鼠标指针移动至屏幕绘图区里的所需要的位置，单击鼠标左键，即可在工作图文件里，生成一个星点。

　　　（基准面）按钮：单击可插入基准面到 3D 草图。

　　　（镜向实体）按钮：单击可将工作窗口里被选取的 2D 像素，对称于某个中心线草图图形，进行镜像的操作。

　　　（转换实体引用）按钮：单击就可以将模型中的所选边线或草图实体转换为草图实体。

　　　（等距实体）按钮：单击可以通过一定距离等距面、边线、曲线或草图实体来添加草图实体。

（剪裁实体）按钮：单击可以剪裁一直线、圆弧、椭圆、圆、样条曲线或中心线，直到它与另一直线、圆弧、圆、椭圆、样条曲线或中心线的相交处。如果草图线段没有和其他草图线段相交，则整条草图线段都将被删除。

（构造几何线）按钮：单击可将草图上或工程图中的草图实体转换为构造几何线。构造几何线仅用来协助生成最终会被包含在零件中的草图实体及几何体。当草图被用来生成特征时，构造几何线被忽略。构造几何线使用与中心线相同的线型。

（移动）按钮：单击可移动一个或多个草图实体。

有关"草图"工具栏各个工具按钮的具体操作，详细内容见后面章节中的相关说明。

### 4. 尺寸/几何关系工具

SolidWorks 软件提供的"尺寸/几何关系"工具栏如图 1-21 所示，用于提供标注尺寸和添加及删除几何关系的工具。

图 1-21 "尺寸/几何关系"工具栏

（智能尺寸）按钮：单击可以给草图实体和其他对象或是几何图形标注尺寸。

（水平尺寸）按钮：单击可在两个实体之间指定水平尺寸。水平方向以当前草图的方向来定义。

（竖直尺寸）按钮：单击可在两点之间生成竖直尺寸。竖直方向由当前草图的方向定义。

（基准尺寸）按钮：属于参考尺寸。不能更改其数值或者使用其数值来驱动模型。

（尺寸链）按钮：为一组在工程图中或草图中从零坐标测量的尺寸。不能更改其数值或者使用其数值来驱动模型。

（水平尺寸链）按钮：在激活的工程图或草图上，单击该按钮，可以生成水平尺寸链。标注尺寸工具会保持为尺寸链模式，直到更改选择另一模式或工具。

（竖直尺寸链）按钮：单击可以在工程图或草图中生成竖直尺寸链。

（倒角尺寸）按钮：单击可以在工程图中给倒角标注尺寸。倒角尺寸具有本身有关引线显示、文字显示及 X 显示的选项。

（尺寸自动）按钮：单击可以将尺寸自动插入到草图中，并给草图自动标注尺寸到模型实体。

（添加几何关系）按钮：单击该按钮，系统会打开"加入几何关系"PropertyManager 设计树，供用户对工作图文件里的 2D 草图图形，附加新的几何限制条件。

（显示/删除几何关系）按钮：单击该按钮，系统会打开"显示/删除几何关系" PropertyManager 设计树，列出并可供用户删除 2D 草图图形已有的几何限制条件。

有关"尺寸/几何关系"工具栏各个工具按钮的具体操作，详细内容见后面章节中的相关说明。

### 5. 特征工具

SolidWorks 软件提供的"特征"工具栏如图 1-22 所示，它包括的部分工具按钮的含义图解如下。

图 1-22 "特征"工具栏

（拉伸凸台/基体）按钮：单击可将选取的草图轮廓图形，依直线路径，成长为 3D 实体模型。

（拉伸切除）按钮：单击将工作图文件里原先的 3D 模型，扣除草图轮廓图形绕着指定的旋转中心轴成长形成的 3D 模型，保留残余剩下的 3D 模型区域。

（旋转凸台/基体）按钮：单击可将用户选取的草图轮廓图形，绕着用户指定的旋转中心轴，成长为 3D 模型。

（旋转切除）按钮：单击可通过绕轴心旋转绘制的轮廓来切除实体模型。

（扫描）按钮：单击可以沿开环或闭合路径通过扫描闭合轮廓来生成实体模型。

（放样凸台/基体）按钮：单击可以在两个或多个轮廓之间添加材质来生成实体特征。

（圆角）按钮：单击可对用户选取的 3D 模型图形的棱边，加入一个斜角连缀平面。

（倒角）按钮：单击可以延边线、一串切边或顶点生成一倾斜的边线。

（筋）按钮：单击可对工作图文件里的 3D 模型，按照用户指定的断面图形，加入一个肋材特征。

（抽壳）按钮：通过单击该工具按钮，可对工作图文件里的 3D 实体模型，加入平均厚度薄壳特征。

（拔模斜度）按钮：单击可对工作图文件里的 3D 模型的某个曲面或是平面，加入拔模倾斜面。

（导向孔向导）按钮：单击可以利用预先定义的剖面插入孔。

（线性阵列）按钮：单击可以对一个或两个线性方向阵列特征、面以及实体等。

（圆周阵列）按钮：单击可以绕轴心阵列特征、面以及实体等。

（镜像）按钮：单击可以绕面或者基准面镜像特征、面以及实体等。

（参考几何体）按钮：单击可以弹出如图 1-23 所示的"参考几何体指令"组，再根据需要选择不同的基准，然后在设定的基准上插入草图来编辑或更改零件图。

（曲线）按钮：单击可以弹出如图 1-24 所示的"曲线指令"组。

有关"特征"工具栏各个工具按钮的一些比较常用到的按钮的具体操作，见后面章节中的相关说明。

### 6．装配体工具栏

SolidWorks 软件提供的"装配体"工具栏如图 1-25 所示，装配体工具栏用于控制零部件的管理、移动及配合。

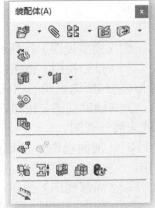

图 1-23　"参考几何体指令"组　　　图 1-24　"曲线指令"组　　　图 1-25　"装配体"工具栏

　　（插入零部件）按钮：单击可用来插入零部件、现有零件/装配体。

　　（切换显示状态）按钮：单击可用来切换装配体零部件的显示状态。暂时关闭零部件的显示或者更改显示的透明度可以更容易地处理被遮蔽的零部件。

　　（零部件压缩状态）按钮：单击可以指定合适的零部件压缩状态。装配体零部件共有三种压缩状态：还原、压缩、轻化。

　　（在装配体中编辑零件）按钮：单击可不必退出装配体就能修改零部件。当在关联装配体中编辑零件时，零件变成蓝色，其余装配体变成灰色。

　　（不生成外部参考引用）按钮：当生成新零部件时，不会生成在位配合。

　　（配合）按钮：单击可指定装配中任两个或多个零件的配合。所有配合类型会始终显示在 PropertyManager 设计树中，但只有适用于当前选择的配合才可供使用。

　　（移动零部件）按钮：单击可通过拖动来移动零部件沿着设定的自由度内移动。

　　（旋转零部件）按钮：左键单击该按钮，用右键单击零部件，按住鼠标右键，然后拖动零部件。零部件在其自由度内旋转。

　　（智能扣件）按钮：单击该按钮后，智能扣件将自动给装配体添加扣件（螺栓和螺钉）。扣件库来自 SolidWorksToolbox，此库有大量的 ANSIInch、Metric 及其他标准硬件。

　　（爆炸视图）按钮：单击可以生成和编辑装配体的爆炸视图。再根据要求设定爆炸方向及爆炸距离等。

　　（爆炸直线草图）按钮：单击可在装配体中添加到爆炸视图的 3D 草图。或在爆炸直线草图中，添加爆炸直线来表示装配体零部件之间的关系。

　　（干涉检查）按钮：单击该按钮后，可以检查装配体中是否有干涉的情况。

　　由于"装配体"工具栏涉及很多相关内容，其常用到的操作的详细内容见后面章节中的相关说明。

### 7. 工程图工具栏

　　SolidWorks 软件提供的"工程图"工具栏如图 1-26 所示，它包括的部分工具按钮的含义图解如下。

图 1-26　"工程图"工具栏

　　（模型视图）按钮：单击可将一模型视图插入到工程图文件中。

　　（投影视图）按钮：单击可从任何正交视图插入投影的视图。如要选择投影的方向，将指针移动到所选视图的相应一侧。

　　（辅助视图）按钮：单击可生成投影视图，不同的是，它可以垂直于现有视图中的参考边线来展开视图。

　　（剖面视图）按钮：单击可以用一条剖切线来分割父视图在工程图中生成一个剖面视图。

　　（局部视图）按钮：单击可用来显示一个视图的某个部分(通常是以放大比例显示)。

　　（标准三视图）按钮：单击可以为所显示的零件或装配体生成三个相关的默认正交视图。

　　（断开的剖视图）按钮：单击可通过绘制一轮廓在工程视图上生成断开的剖视图。

（断裂视图）按钮：单击可将工程图视图用较大比例显示在较小的工程图纸上。

（裁剪视图）按钮：单击可直接裁剪剖面视图。

（交替位置视图）按钮：通过幻影线显示，将一个工程视图精确叠加于另一个工程视图之上。

对于"工程图"工具栏，只有具备一定机械工程制图的基础，才能在出图时做出清晰明了的工程图纸，详细内容见后面章节中的相关说明。

## 【填写"课程任务报告"】

课程任务报告

| 班级 | | 姓名 | | 学号 | | 成绩 | |
|---|---|---|---|---|---|---|---|
| 组别 | | 任务名称 | SolidWorks 常用工具栏的认识 | | | 参考学时 | 2 学时 |
| 任务要求 | 1. 熟练掌握草图工具栏、特征工具栏、装配工具栏<br>2. 能根据工作需要灵活选用不同的工具命令 | | | | | | |
| 任务完成过程记录 | 总结的过程按照任务的要求进行，如果位置不够可加附页（可根据实际情况，适当安排拓展任务供同学分组讨论学习，此时以拓展训练内容的完成过程进行记录） | | | | | | |

1.2

 任务拓展

知识考核

（1）通过标准工具栏中的材质编辑器可以将材料及其物理属性应用到零件上。（　　）

（2）SolidWorks 中的零部件可以实现局部放大。（　　）

（3）SolidWorks 中同一个零件的各个表面的渲染颜色可以不同。（　　）

（4）简述智能尺寸标注不同实体尺寸的方法。

（5）当视图界面图形过大或者过小，如何快捷调整视图到合适窗口？

# 任务 1.3　SolidWorks 系统选项的认识

 知识点

◎ 常规项目，工程图项目，草图项目，显示/选择项目。

◎ 设置文件属性，获取帮助信息。

技能点

◎ 了解掌握常规项目、工程图项目、草图项目、显示/选择项目的设置。

◎ 能灵活设置文件属性，通过帮助文档解决设计中遇到的问题。

## 任务描述

通过完成本任务，使读者认识常规项目、工程图项目、草图项目、显示/选择项目，以及掌握如何设置文件属性，能通过帮助文档解决设计中遇到的问题。

## 任务实施

### 1.3.1 任务实施规划

具体规划方案见表 1-5。

表 1-5 任务实施规划表

| 项目 | | 图标 |
|---|---|---|
| 1. 设置系统选项 | （1）常规项目 | 系统选项(S) 文档属性(D)<br>普通 后 |
| | （2）工程图项目 | 系统选项(S) 文档属性(D)<br>普通<br>工程图 |
| | （3）草图项目 | 颜色<br>草图<br>└ 几何关系/捕捉 |
| | （4）显示/选择项目 | 显示/选择<br>性能 |
| 2. 设置文件属性 | （1）设定尺寸项目 | 系统选项(S) 文档属性(D)<br>绘图标准<br>⊕ 注解<br>⊕ 尺寸 |
| | （2）设定单位项目 | 网格线/捕捉<br>单位 |
| 3. 获取帮助信息 | 获取帮助信息 | ☑ 使用 SOLIDWORKS Web 帮助(W) |

### 1.3.2 参考操作步骤

根据使用习惯或国家的标准可以对 SolidWorks 操作环境进行必要的设置。例如可以在"文件属性"中设置尺寸的标准为 GB，当设置生效后，在随后的设计工作中就会全部按照中华人民共和国标准来标注尺寸。

要设置系统的属性，选择菜单栏中的"工具"|"选项"命令，从而打开"系统选项"对话框。该对话框有"系统选项"和"文件属性"两个选项卡。

◆"系统选项"选项：在该选项卡中设置的内容都将保存在注册表中，它不是文件的一部分，因此，这些设置会影响当前和将来的所有文件。

◆"文件属性"选项：在该选项卡中设置的内容仅应用于当前文件。

每个选项卡上列出的选项以树型格式显示在选项卡的左侧。单击其中一个项目时，该项目的选项就会出现在选项卡右侧。下面先来介绍"系统选项"选项卡中的内容。

选择菜单栏中的"工具"|"选项"命令，从而打开"系统选项"对话框的"系统选项"选项卡，如图 1-27 所示。

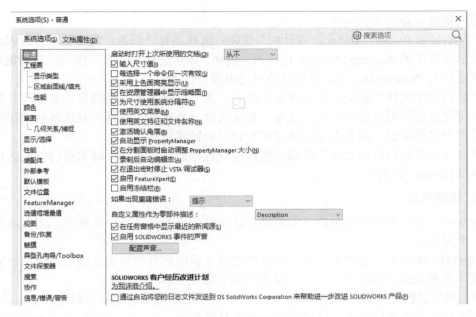

图 1-27　"系统选项"选项卡

　　"系统选项"选项卡中有很多项目，它们以树型格式显示在选项卡的左侧，对应的选项出现在右侧。下面介绍几个常用的项目。

**1. 常规项目**

　　"启动时打开上次所使用的文档"选项：如果用户希望在打开 SolidWorks 时，自动打开最近使用的文件，在该下拉列表框中选择"总是"，否则选择"从不"。

　　◆ "输入尺寸值"选项：建议选择该复选框。选择该复选框后，对一个新的尺寸进行标注后，会自动显示尺寸值修改框；否则，必须在双击标注尺寸后才会显示该框。

　　◆ "每选择一个命令仅一次有效"选项：选择该复选框后，当每次使用草图绘制或者尺寸标注工具进行操作之后，系统会自动取消其选择状态，从而避免该命令的连续执行。双击某一工具可使其保持为选择状态以继续使用。

　　◆ "采用上色面高亮显示"选项：选择该复选框后，当使用选择工具选择面时，系统会将该面用单色显示（默认为绿色）；否则，系统会将该面的边线用蓝色虚线高亮度显示。

　　◆ "在资源管理器上显示缩略图"选项：在建立装配体文件时，经常会遇到只知其名，不知何物的尴尬情况。如果选择该复选框后，则在 Windows 资源管理器中会显示每个 SolidWorks 零件或装配体文件的缩略图，而不是图标，该缩略图将以保存时的模型视图为基础，并使用 16 色的调色板，如果其中没有模型使用的颜色，则用相似的颜色代替。此外，该缩略图也可以在"打开"对话框中使用。

　　◆ "为尺寸使用系统分隔符"选项：选中该复选框后，系统将使用默认的系统小数点分隔符来显示小数数值。如果要使用不同于系统默认的小数分隔符，请取消复选框，此时其右侧的文件框便被激活，可以在其中输入作为小数分隔符。

　　◆ "使用英文菜单"选项：作为一个全球装机量最大的微机三维 CAD 软件，SolidWorks 支持多种语言（如中文、俄文、西班牙文等）。如果在安装 SolidWorks 时已指定使用其他语言，通过选择此复选框可以改为英文版本。

　　◆ "激活确认角落"选项：选择该复选框后，当进行某些需要进行确认的操作时，在图形窗口的右上角将会显示确认角落。

◆ "自动显示 PropertyManager 设计树"选项：选择该复选框后，对特征进行编辑时，系统将自动显示该特性的 PropertyManager 设计树。例如，如果选择了一个草图特征进行编辑时，则所选草图特征的 PropertyManager 设计树将自动出现。

◆ "显示尺寸名称"选项：选择该复选框后，系统将显示标注后的尺寸名称及其数值。

◆ "每次重建模型时显示错误"选项：建议选择该复选框。选择该复选框后，如果在建立模型的过程中出现错误，则会在每次重建模型时显示错误信息。

◆ "打开文件时窗口最大化"选项：选择该复选框后，打开文件时系统将以最大尺寸将文件置于 SolidWorks 窗口内。

**2. 工程图项目**

SolidWorks 是一个基于造型的三维机械设计软件，它的基本设计思路是：实体造型—虚拟装配—二维图纸。

SolidWorks 推出了二维转换工具，通过它能够在保留原有数据的基础上，让用户方便地将二维图纸转换到 SolidWorks 的环境中，从而完成详细的工程图。

此外，利用它独有的快速制图功能，迅速生成与三维零件和装配体暂时脱开的二维工程图，但依然保持与三维的全相关性。这样的功能使得从三维到二维的瓶颈总是得以彻底解决，如图1-28 所示为"工程图"选项卡的内容。

图 1-28　"工程图"项目

下面介绍"工程图"项目中的选项。

◆ "在插入时消除复制模型尺寸"选项：选择该复选框后，复制的尺寸在模型尺寸被插入时不插入到工程图中。

◆ "在插入时消除重复模型注释"选项：复制节点在模型节点被插入时不插入工程图中

（默认）。

◆"默认标注所有零件/装配体尺寸以输入到工程图中"选项：将插入模型中的任何尺寸设置为工程图标注。 向工程图中插入模型尺寸时将包含尺寸。

◆"自动缩放新工程视图比例"选项：选择此复选框后，当插入零件或装配体的标准三视图到工程图时，将会调整三视图的比例以配合工程图纸的大小，而不管已选的图纸大小。

◆"添加新修订时激活符号"选项：在将一修订添加到修订表格时，允许单击图形区域放置修订符号。

◆"打印不同步水印"选项：SolidWorks 的工程制图中有一个分离制图功能。它能迅速生成与三维零件和装配体暂时脱开的二维工程图，但依然保持与三维的全相关性。这个功能使得从三维到二维的瓶颈总是得以彻底解决。当选择该复选框后，如果工程与模型不同步，分离工程图在打印输出时会自动印上一个"SolidWorks 不同步打印"的水印。

◆"在工程图中显示参考几何体名称"选项：当参考几何实体被输入进工程图中时，它们的名称将显示。

◆"生成视图时自动隐藏零部件"选项：选择该复选框后，当生成新的视图时，装配体的任何隐藏零部件将自动列举在"工程视图属性"对话框中的"隐藏/显示零部件"选项卡上。

◆"自动以视图增殖视图调色板"选项：在单击从零件/装配体制作工程图时在查看调色板中显示工程图视图。当清除此选项时，模型视图 PropertyManager 出现，供插入工程图视图。

◆"局部视图比例缩放"选项：为局部视图指定比例。该比例是指相对于生成局部视图的工程图视图的比例。如果源视图比例为 2∶1，且局部视图比例为 2X，那么所产生的局部视图比例是 4X。

**3．草图项目**

SolidWorks 软件所有的零件都是建立在草图基础上的，大部分 SolidWorks 的特征也都是由二维草图绘制开始。

提高草图的功能会直接影响到对零件编辑能力的提高，所以能够熟练地使用草图绘制工具绘制草图是一件非常重要的事。"草图"选项卡如图 1-29 所示。

图 1-29 "草图"项目

下面介绍"草图"项目中的选项。

◆"使用完全定义草图"选项：所谓完全定义草图是指草图中所有的直线和曲线及其位置均由尺寸或几何关系或两者说明，选择此复选框后，草图用来生成特征之前必须是完全定义的。

◆"在零件/装配体草图中显示圆弧中心点"选项：选择此复选框后，草图中所有的圆弧圆心点都将显示在草图中。

◆"在零件/装配体草图中显示实体点"选项：选择此复选框，草图中实体的端点将以实心圆点的方式显示。该圆点的颜色反映草图中该实体的状态，如下所示：

黑色表示该实体是完全定义的；

蓝色表示该实体是欠定义的，即草图中的实体中有些尺寸或几何关系未定义，可以随意改变；

红色表示该实体是过定义的，即草图中的实体中有些尺寸或几何关系、或两者处于冲突中或是多余的。

◆"提示关闭草图"选项：选择此复选框时，当利用具有开环轮廓的草图来生成凸台时，如果此草图可以用模型的边线来封闭，系统就会显示"封闭草图到模型边线"对话框。单击"是"按钮，即选择用模型的边线来封闭草图轮廓，同时不可选择封闭草图的方向。

◆"打开新零件时直接打开草图"选项：选择此复选框后，新建零件时可以直接使用草图绘制区域和草图绘制工具。

◆"尺寸随拖动/移动修改"选项：选择此复选框后，可以通过拖动草图中的实体或在"移动/复制 PropertyManager 设计树"选项卡中移动实体来修改尺寸值。拖动完成后，尺寸将自动更新。

**注意**：生成几何关系时，其中至少必须有一个项目是草图实体，其他项目可以是草图实体或边线、面、顶点、原点、基准面、轴或其他草图的曲线投影到草图基准面上形成的直线或圆弧。

◆"上色时显示基准面"选项：选择此复选框后，如果在上色模式下编辑草图，网格线会显示基准面看起来也上了色。

◆ 在"过定义尺寸"选项组中有以下两个。

①"提示设定从动状态"选项：所谓从动尺寸是指该尺寸是由其他尺寸或条件驱动的，不能被修改。选定此后，当添加一个过定义尺寸到草图时，会出现一个对话框询问尺寸是否应为从动。

②"默认为从动"选项：选定此后，当添加一个过定义尺寸到草图时，尺寸会被默认为自动。

**4. 显示/选择项目**

任何一个零件的轮廓都是一个复杂的闭合边线回路，在 SolidWorks 的操作中离不开对边线的操作。该项目就是为边线和边线选择设定系统的默认值。"显示/选择"项目如图 1-30 所示。

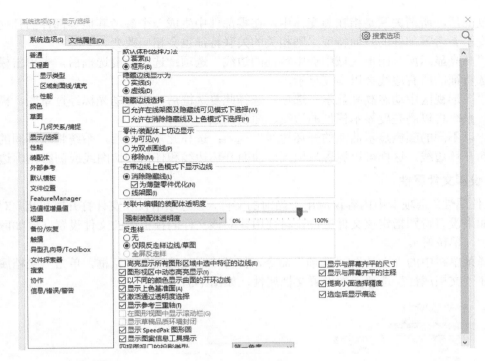

图 1-30 "显示/选择"项目

下面介绍"显示/选择"项目中的选项。

◆ "隐藏边线显示为"选项：这组单选按钮只有在隐藏线变暗模式下才有效。选择"实线"，则将零件或装配体中的隐藏线以实线显示。所谓"虚线"模式是指以浅灰色线显示视图中不可见的边线，而可见的边线仍正常显示。

◆ "隐藏边线选择"选项组：选项组下有 2 个复选框。

"允许在线架图及隐藏线可见模式下选择"选项：选择该复选框，则在这两种模式下，可以选择隐藏的边线或顶点。

"允许在消除隐藏线及上色模式下选择"选项：选择该复选框，则在这两种模式下，可以选择隐藏的边线或顶点。消除隐藏线模式是指系统仅显示在模型旋转的角度下可见的线条，不可见的线条将被消除。上色模式是指系统将对模型使用颜色渲染。

◆ "零件/装配体上切边显示"选项：这组单选按钮用来控制在消除隐藏线和隐藏线变暗模式下，模型切边的显示状态。

"为可见"选项：显示切边。

"为双点画线"选项：使用双点画线线型显示切边。

"移除"选项：不显示切边。

◆ "在带边线上色模式下显示边线"选项：这组单选按钮用来控制在上色模式下，模型边线的显示状态。

◆ "消除隐藏线"选项：所有在消除隐藏线模式下出现的边线也会在带边线上色模式下显示。

◆ "线架图"选项：模式是指显示零件或装配体的所有边线。

◆ "关联中编辑的装配体透明度"选项：该下拉列表框用来设置在关联中编辑装配图装配体透明度，可以选择"保持装配体透明度"和"强制装配体透明度"，其右边的移动滑块用来设置透明度的值。所谓关联是指在装配体中，在零部件中生成一个参考其他零部件的几何特征，如果改变了参考零部件的几何特征，则相关的关联特征也会相应改变。

◆ "高亮显示所有图形区域中选中特征的边线"选项：选择此复选框后，当单击模型特征时，所选特征的所有边线会以高亮显示。

◆ "图形视区中动态高亮显示"选项：选择此复选框后，当移动光标经过草图、模型或工程图时，系统将以高亮度显示模型的边线、面及顶点。

◆ "以不同的颜色显示曲面的开环边线"选项：选择此复选框后，系统将以不同的颜色显示曲面的开环边线，这样可以更容易地区分曲面开环边线和任何相切图线或侧影轮廓边线。

**5. 设置文件属性**

"文件属性"选项卡中内容仅应用于当前的文件，该选项卡仅在文件打开时可用。对于新建文件，如果没有特别指定该文件属性，将使用建立该文件的模板中的文件设置（例如网格线、边线显示、单位等）。

选择菜单栏中的"工具"|"选项"命令，打开"系统选项"对话框，单击"文档属性"选项卡，在"文档属性"选项卡中设置文档属性，如图1-31所示。

图1-31 "文档属性"选项卡

选项卡中列出的项目以树型格式显示在选项卡的左侧。单击其中一个项目时，该项目的选项就会出现在右侧。下面介绍几个常用的项目。

（1）设定尺寸项目 单击"尺寸"项目后，该项目的选项就会出现在选项卡右侧，如图1-32所示。

◆ "总绘图标准"选项：该选项栏用来设定尺寸标注时的标准。其中第一个下拉列表用来设定尺寸的标注标准，在其中可以选择尺寸标注标准：ISO、ANSI、DIN、JIS、BSI、GOST或GB。

◆ "双制尺寸显示"选项：选择该复选框后，尺寸将以两种单位显示。"上方"和"右方"两个单选按钮用来决定第二尺寸显示的方位。

◆ "引头零值"和"尾随零值"选项：该下拉列表决定标注中的零值小数位数。选择"智能"，会舍去所有公制数值的零值小数位数；选择"显示"，会显示指定的小数位数；选择"移除"，将会删除所有的尺寸零值小数。公差不受此选项的影响。

◆ "添加默认括号"选项：选择该复选框后，将添加默认括号并在括号中显示工程图的参考尺寸。

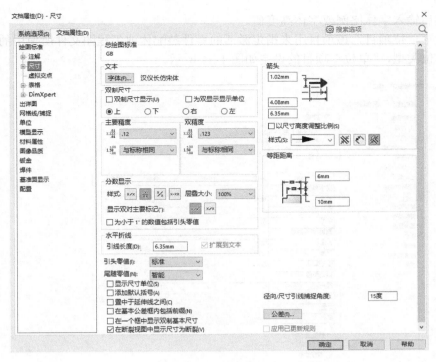

图 1-32 "尺寸"项目

◆ "置中于延伸线之间"选项：选择该复选框后，标注的尺寸文字将被置于尺寸界线的中间位置。

◆ "在基本公差框内包括前缀"选项：对于 ANSI 标准，任何添加到带基本公差的尺寸的前缀将出现在公差框内。

◆ "等距距离"选项：该选项栏用来设置标准尺寸间的距离。其中"距离上一尺寸"是指与前一个标准尺寸间的距离；"距离模型"是指模型与基准尺寸第一个尺寸之间的距离。

◆ "箭头"选项：该选项栏用来指定标注尺寸中箭头的显示状态。

◆ "公差"按钮：单击该按钮后，系统会弹出如图 1-33 所示的"尺寸公差"对话框来设置要显示的公差类型，此外，还可以指定变量、字体、线性或角度公差。

◆ "公差类型"选项：在公差显示清单中指定要显示的公差类型，包括"无"、"基本的"、"无边的"、"限制"、"对称的"、"最大"、"最小"、"套合"及"与公差套合"等类型。

◆ 最大变化量或最小变化量："+"号和"－"号指定适合于公差类型的最大变化量和（或）最小变化量。

◆ 线性公差或角度公差：指示当前的变更将应用到的尺寸类型。

◆ 字体：指定尺寸公差文字使用的字体。如要更改尺寸公差文字的大小，取消"使用尺寸文字"

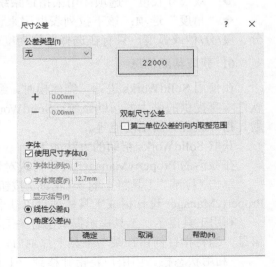

图 1-33 "尺寸公差"对话框

复选框，然后输入字体比例或字体高度值。

（2）设定单位项目　该项目用来指定激活的零件装配体或工程图文件所使用的线性单位类型和角度单位类型，"单位"项目的设定如图1-34所示。

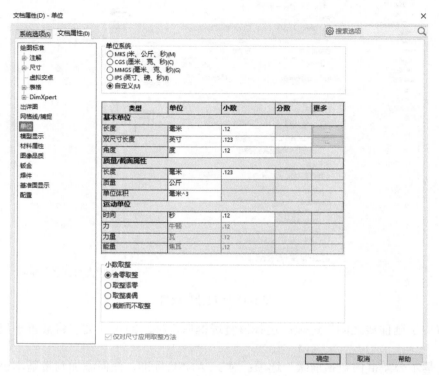

图1-34　"单位"项目

◆"单位系统"选项：该选项栏用来设置文件的单位系统。如果选择了"自定义"单选按钮则激活其余的选项。

◆"双尺寸长度"选项：用来指定系统的第二种长度单位。

◆"角度"选项：该下拉列表框用来设置角度单位的类型。其中可选择的单位有度、度/分、度/分/秒或弧度。只有在选择单位为度或弧度时，才可以选择"小数位数"。

### 6.获取帮助信息

在使用 SolidWorks 进行三维建模时，经常会遇到一些难以处理的问题，这时就需要借助于软件本身提供的强大的帮助系统。SolidWorks 提供了方便快捷的帮助系统，主要包括：帮助主题、指导教程、新增功能等。

获取 SolidWorks 帮助的方法如下。

在激活的 PropertyManager 设计树或对话框中，单击帮助 ⑦ 按钮，或按 F1 键。

单击"标准"工具栏上的 ❓（帮助）按钮，然后单击 FeatureManager、ConfigurationManager、PropertyManager 设计树或工具栏项目以获取此项的帮助。

利用工具提示，工具提示提供了有关工具栏上及 PropertyManager 设计树和对话框中工具的信息。当将指针停留在某个工具上片刻后，就会出现工具栏提示，显示工具的名称。

利用状态栏。当用户将指针移到一工具上或单击一菜单项时，在 SolidWorks 窗口底部的状态栏中提供一简要说明。

打开 SolidWorks 的帮助菜单可以获得如图 1-35 所示的各种帮助信息。

例如：选择菜单栏中的"帮助"|"SolidWorks 帮助主题"命令，即可打开如图 1-36 所示的"SolidWorks 2016 在线使用指南 SP0"帮助文件系统。

帮助系统的左上角列出了使用帮助系统的几种方式，用户可根据需要选择。

◆ 目录：以目录的方式显示帮助系统的主题，单击下面的各个主题就可以浏览其内容，图 1-36 左侧显示的就是目录的画面。

◆ 索引：以索引的方式显示帮助系统主题，索引方式即以第一个字母的顺序排序，可以根据自己想要查找的主题迅速找到其内容。

◆ 搜索：搜索方式输入想要了解的主题关键词，帮助系统将会把相关主题列出来供参考，如图 1-36 所示为搜索"标准三视图"后的界面。

图 1-35　帮助信息

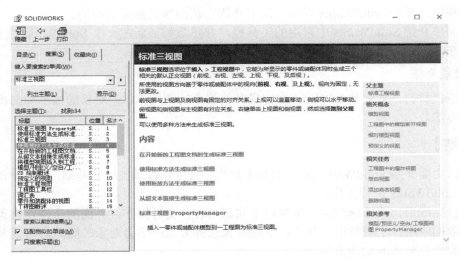

图 1-36　帮助文件系统

获取 SolidWorks 2016 帮助信息就简单地介绍至此，读者在应用该软件时，可以经常利用帮助信息可以解决遇到的问题。

## 【填写"课程任务报告"】

### 课程任务报告

| 班级 | | 姓名 | | 学号 | | 成绩 | |
|---|---|---|---|---|---|---|---|
| 组别 | | 任务名称 | SolidWorks 系统选项的认识 | | | 参考学时 | 2 学时 |
| 任务要求 | | 1. 了解掌握常规项目、工程图项目、草图项目、显示/选择项目的设置<br>2. 能灵活设置文件属性，通过帮助文档解决设计中遇到的问题 | | | | | |
| 任务完成过程记录 | | 　　总结的过程按照任务的要求进行，如果位置不够可加附页（可根据实际情况，适当安排拓展任务供同学分组讨论学习，此时以拓展训练内容的完成过程进行记录） | | | | | |

1.3

**1．知识考核**

（1）在"标准"工具栏中，＿＿＿＿＿＿＿命令可以用来将新建的文件进行保存操作。

（2）＿＿＿＿＿＿＿＿＿＿＿位于 SolidWorks 窗口的左侧，它提供了激活的零件、装配体或工程图的大纲视图，可以很方便地查看模型或装配体的构造情况，或者查看工程图中的不同图纸和视图。

（3）选择菜单栏中的"＿＿＿＿＿＿"｜"＿＿＿＿＿＿"或者或在工具栏区域右击，在弹出的快捷菜单中选择"＿＿＿＿＿"命令，可以按照用户的要求设置工具栏。

（4）SolidWorks 软件提供的"＿＿＿＿＿＿＿"工具栏用于提供标注尺寸和添加及删除几何关系的工具。

（5）利用打开的 SolidWorks 界面，简单介绍它是由哪几部分组成的。

（6）简单介绍 SolidWorks 中常用的工具栏，并熟悉如何新建一个 SolidWorks 文件。

（7）在 SolidWorks 中如何设置系统选项？简单介绍之。

**2．技能考核**

查找搜集材料，掌握 SolidWorks 自定义其他指令的调用方法、对象的显示和隐藏功能的作用和操作方法。

## 【项目小结】

本项目主要介绍 SolidWorks 2016 的基本操作，只有熟练掌握这些基础知识，才能正确、快速地应用 SolidWorks 进行工作。

本项目完成后，读者应该重点掌握以下知识内容：文件操作；界面的个性化设置；鼠标的应用；键盘的应用；了解常用工具栏；掌握对象选择方式；学会对象的隐藏与可视及视图的操作；掌握参考几何体的构建方法。

# 项目二 工业机器人零部件二维草图设计

## 【项目教学导航】

| 学习目标 | 培养学生利用直线、圆、圆弧、矩形等草图命令，利用阵列、剪裁、圆角及倒角等草图编辑命令，利用尺寸约束及几何约束、利用拉伸、旋转及孔特征等命令快速、正确地绘制草图并完成零件模型的创建 |
|---|---|
| 项目要点 | ※ 草图工具对话框<br>※ 草图功能选项<br>※ 草图实体绘制<br>※ 草图约束<br>※ 草图操作<br>※ 编辑草图 |
| 重点难点 | 绘制、编辑草图并添加尺寸及几何约束，创建拉伸、旋转及孔特征模型 |
| 学习指导 | 学习本项目时要注意：在 SolidWorks 中，实体模型的创建都是先创建二维草图，然后通过特征工具将二维草图转变为三维模型，而二维草图是由直线、圆弧、矩形等命令绘制的，草图的位置和大小则是通过尺寸和几何关系来确定的，特征造型的基本方法是拉伸、旋转和孔等，因此，只有熟练掌握这些知识的应用方法，才能够快速、正确绘制草图并创建出零件的三维模型，提高作图效率 |

| 教学安排 | 任务 | 教学内容 | 学时 | 作业 |
|---|---|---|---|---|
| | 任务 2.1 | 基本草图绘制 | 2 | 任务 2.1 附带知识考核、技能考核 |
| | 任务 2.2 | 等距实体图形绘制 | 2 | 任务 2.2 附带知识考核、技能考核 |
| | 任务 2.3 | 草图镜像图形绘制 | 2 | 任务 2.3 附带知识考核、技能考核 |
| | 任务 2.4 | 草图阵列图形绘制 | 2 | 任务 2.4 附带知识考核、技能考核 |
| | 任务 2.5 | 草图倒角图形绘制 | 2 | 任务 2.5 附带知识考核、技能考核 |

## 【项目简介】

大部分 SolidWorks 的特征都是由 2D 草图绘制开始。草图是一个平面轮廓，用于定义特征的截面形状、尺寸和位置等。草图对象由草图的点、直线、圆弧等元素构成，运用 SolidWorks 中的草图绘制工具，可以非常方便地完成复杂图形的绘制操作，还可以进行参数化编辑。

在 SolidWorks 中，实体模型的创建都是从绘制二维草图开始的，利用二维草图生成基体特征。在绘制草图同时可以在模型上添加更多的特征。因此，只有熟练掌握草图绘制的各项功能，才能快速、高效地应用 SolidWorks 进行三维建模，并对其进行后续分析。

# 任务 2.1　基本草图绘制

## 知识点

◎　圆、直线、圆弧、倒圆角等基本图素的正确绘制。
◎　尺寸标注、草图几何关系约束的正确使用。

## 技能点

◎　熟练使用圆、直线、圆弧、倒圆角等基本图素绘制二维零件草图。
◎　能进行尺寸标注、草图几何关系约束。
◎　掌握草图的几何状态约束。

## 任务描述

本任务要完成的图形如图 2-1 所示。通过本任务的学习，使读者能熟练掌握创建草图、创建草图对象、对草图对象添加尺寸约束和几何约束等相关的草图操作。通过学习了解草图的构建方法，掌握二维草图的构图技巧。

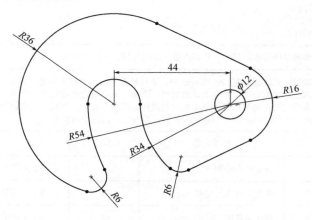

图 2-1　基本草图示例

## 任务实施

### 2.1.1　图形绘制方案设计

从图形的右侧开始绘图，先大致绘出草图形状，然后做一些必要的修剪，再添加约束关系，最后标注尺寸，完成草图。具体绘制方案见表 2-1。

### 2.1.2　参考操作步骤

（1）新建文件　单击"新建"图标（注：这种图标有时也称为"按钮"），新建一个"零件"文件，并单击"保存"图标，如图 2-2 所示。

表 2-1　基本草图绘图方案设计

| 绘图步骤 | 1. 创建φ12 圆 | 2. 同样方法创建其他圆 | 3. 创建两直线 |
|---|---|---|---|
| 图例 | | | |
| 绘图步骤 | 4. 创建直线与圆相切约束 | 5. 创建裁剪图形 | 6. 创建倒两处 R6mm 圆角 |
| 图例 | | | |
| 绘图步骤 | 7. 创建添加尺寸关系 | 8. 创建隐藏草图几何关系 | |
| 图例 | | | |

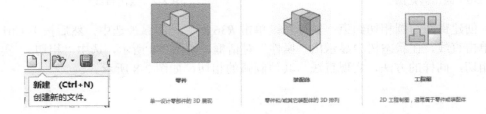

图 2-2　新建"零件"文件

（2）创建圆　单击状态树中的"前视"，再单击 图标，此时打开草绘工具栏，打开草绘窗口。此时单击 ⊙ 图标，在状态树中显示出"圆"命令选项对话框，如图 2-3 所示。用默认值"中央创建"选项，绘制φ12 的圆。

在绘制φ12 的圆时，单击"原点"位置，如图 2-4 所示，以确定圆心。按住左键不放，拉动鼠标，此时显示出动态的画圆过程，如图 2-5 所示。

**提示：**在绘制草图时，最好借助"原点"图标以增加有效约束条件。

**注意：**观察"R"值的变化，选取一个适当的尺寸值后，单击鼠标左键结束绘圆的过程。

图 2-3 "圆"对话框

图 2-4 单击"原点"位置

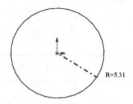

图 2-5 画圆过程

（3）用相同的方法绘出其他的圆 如图 2-6 所示。

**提示**：绘图时，可滚动鼠标中键，适当缩放图形，如欲作平移画图的动作，则同时按住 Ctrl 键和鼠标中键不放，再拖动鼠标来完成。

（4）创建直线 单击直线 图标，在状态树中显示出"直线"命令对话框，绘制两条任意直线，绘制结果如图 2-7 所示。

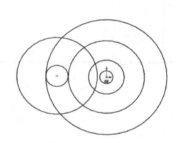

图 2-6 绘出其他圆

图 2-7 绘出直线

（5）创建直线与圆相切约束 鼠标左键单击 $R36$ 圆弧，圆弧被选中，然后按下 Ctrl 键，鼠标左键单击直线，在状态树中显示出"属性"对话框，如图 2-8 所示，选中"相切"，实现圆弧与直线相切，同样的方法，实现直线与其他圆弧的相切，如图 2-8 所示。

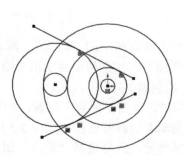

图 2-8 添加直线与圆几何关系"相切"约束

**注意**：单击圆弧弹出圆弧"属性"对话框，圆弧与直线相切，先在圆弧属性对话框中把圆弧固定。

（6）创建裁剪图形　单击草图工具栏中的 图标，此时在状态树中显示出"剪裁"命令选项对话框，单击"裁剪到最近端"选项。然后在刚绘制的图形上单击不要的部分，结果如图 2-9 所示。

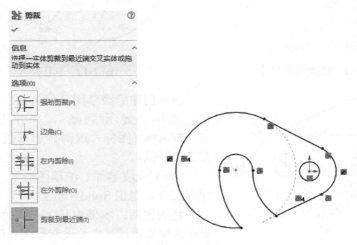

图 2-9　修剪图形

**提示**：可用鼠标单击直线或圆弧等，按住不动，然后拖动鼠标，此时可移动其位置；如单击其上的端点，此时可拖曳这一点到某一合适位置。

（7）倒两处 *R*6mm 的圆角　单击 图标，打开"绘制圆角"对话框，如图 2-10 所示。修改半径参数为"6"，然后单击要倒圆角的两个边，结果如图 2-10 所示。

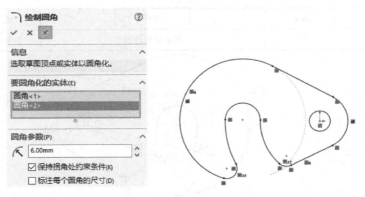

图 2-10　倒圆角结果

（8）创建添加尺寸关系　单击草图工具栏图标 ，然后为图形标注尺寸。通过修改弹出的尺寸对话框，可以使图形形状发生改变，如图 2-11 所示。这也是参数化软件的主要功能之一。同理，标注出其他尺寸，如图 2-12 所示。

**提示**：约束包括几何关系约束和尺寸约束，若重复约束，图线将变为红色，或弹出对话框进行尺寸从动约束，完全约束图线默认为黑色。

图 2-11 修改图形尺寸

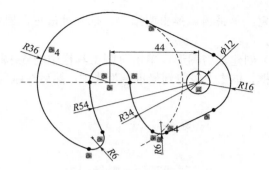

图 2-12 标注尺寸

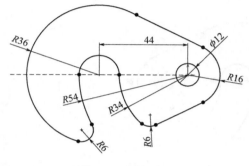

图 2-13 最终结果

（9）创建隐藏草图几何关系 单击"视图"菜单栏，选中"显示/隐藏"，在弹出的命令栏里单击 草图几何关系(E) 图标，取消显示草图几何关系，结果如图 2-13 所示。

（10）完成零件二维草图造型 如图 2-13 所示，保存文件，退出 SolidWorks。

**特别说明：** 本范例只是一般的草图绘制过程，读者在实际绘图过程中要逐渐形成自己的绘图习惯。

草图最好能做到完全约束，也就是图面所有的线全部变黑；如果出现过约束，也就是有红色的线条出现，此时要删除一些约束条件，请读者慢慢领会。

## 【填写"课程任务报告"】

### 课程任务报告

| 班级 | | 姓名 | | 学号 | | 成绩 | |
|---|---|---|---|---|---|---|---|
| 组别 | | 任务名称 | 基本草图绘制 | | | 参考课时 | 2 学时 |
| 任务图样 | 见下图 ||||||||
| 任务要求 | 1. 对照任务参考过程、相关视频、知识介绍，完成基本草图示例的二维草图设计<br>2. 掌握使用圆、直线、圆弧、倒圆角等基本图素绘制二维零件草图<br>3. 能进行尺寸标注、草图几何关系约束<br>4. 掌握草图的几何状态约束 |||||||
| 任务完成<br>过程记录 | 总结的过程按照任务的要求进行，如果位置不够可加附页（根据实际情况，适当安排拓展任务供同学分组讨论学习，此时以拓展训练内容的完成过程进行记录） |||||||

## 【知识学习】

### 1. 草图

草图（Sketch）是与实体模型相关的二维图形，一般作为三维实体模型的基础。该功能可以在三维空间中的任何一个平面内建立草图平面，并在该平面内绘制草图。

草图中提出了"约束"的概念，可以通过几何约束与尺寸约束控制草图中的图形，可以实现与特征建模模块同样的尺寸驱动，并可以方便地实现参数化建模。

应用草图工具，用户可以绘制近似的曲线轮廓，在添加精确的约束定义后，就可以完整表达设计的意图。

建立的草图还可用实体造型工具进行拉伸、旋转等操作，生成与草图相关联的实体模型。修改草图时，关联的实体模型也会自动更新。

草图是三维造型的基础，绘制草图是创建零件的第一步。草图多是二维的，也有三维草图。在创建二维草图时，必须先确定草图所依附的平面，即草图坐标系确定的坐标面，这样的平面可以是一种"可变的、可关联的、用户自定义的坐标平面"。

SolidWorks 中的草图是指与实体模型相关联的二维图形。它可以通过对近似的曲线轮廓进行尺寸和几何约束来准确地表达设计师们的设计意图，再辅以拉伸、旋转和扫描等实体建模方法来创建模型。

利用草图功能创建的模型有以下两个突出的优点：易于编辑和修改；易于实现参数化和系列化设计。

一般来说，草图较多地应用在以下场合。

① 模型需要参数化驱动时。
② 要建立的特征不是标准的成型特征时。
③ 作为自由形状特征的控制线。
④ 作为拉伸、旋转和扫描等的基础特征。
⑤ 需要一系列成型特征才可以建立且难以编辑时。

### 2. 草图约束

约束的概念就是指一个图形在某一点位置上被固定，使其不能运动。约束可分为几何约束和尺寸约束。

（1）几何约束也可称为位置约束，有了位置上的约束，就可以使草图上的图形与坐标轴或图形之间有相对的位置关系，如同心圆、两直线平行、直线与坐标轴平行等。

（2）尺寸约束就是设置图形的大小、长短，如圆的直径、直线的长度等。

在使用草图约束时，草图上会自动显示自由度与约束的符号，就像线段等的端点处出现一些相互垂直的黄色箭头，它就表示了哪些自由度没有被限制，而没有出现黄色箭头，就表示此对象已被约束，当草图对象全部被约束后，自由度的符号完全消失。

在绘图中，有 3 种常见的约束状态：过约束状态、欠约束状态、充分约束状态，见表 2-2。

表 2-2　几种常用约束

| 几何关系 | 要选择的实体 | 所产生的几何关系 |
| --- | --- | --- |
| 水平或竖直 | 一条或多条直线，或两个或多个点 | 直线会变成水平或竖直（由当前草图的空间定义），两个点或多个点会水平或竖直对齐 |
| 共线 | 两条或多条直线 | 项目位于同一条无限长的直线上 |
| 全等 | 两个或多个圆弧 | 项目会共用相同的圆心和半径 |

| 几何关系 | 要选择的实体 | 所产生的几何关系 |
|---|---|---|
| 垂直 | 两条直线 | 两条直线相互垂直 |
| 平行 | 两条或多条直线 | 项目相互平行 |
| 相切 | 一圆弧、椭圆或样条曲线，以及一直线或圆弧 | 两个项目保持相切 |
| 同心 | 两个或多个圆弧，或一个点和一个圆弧 | 圆弧共用同一圆心 |
| 中点 | 两条直线或一个点和一直线 | 点保持位于线段的中点 |
| 交叉点 | 两条直线和一个点 | 点保持位于直线的交叉点处 |
| 重合 | 一个点和一直线、圆弧或椭圆 | 点位于直线、圆弧或椭圆上 |
| 相等 | 两条或多条直线，或两个或多个圆弧 | 直线长度或圆弧半径保持相等 |
| 对称 | 一条中心线和两个点、直线、圆弧或椭圆 | 项目保持与中心线相等距离，并位于一条与中心线垂直的直线上 |
| 固定 | 任何实体 | 实体的大小和位置被固定。然而，固定直线的端点可以自由地沿其下无限长的直线移动。并且，圆弧或椭圆段的端点可以随意沿着下面的全圆或椭圆移动 |
| 穿透 | 一个草图点和一个基准轴、边线、直线或样条曲线 | 草图点与基准轴、边线或曲线在草图基准面上穿透的位置重合 |

自动添加草图几何关系：可选择当生成草图实体时是否自动生成几何关系。根据草图实体和指针的位置，同时可显示一个以上草图几何关系。

欲选择或消除自动添加几何关系，操作如下。

依次单击"工具"→"草图设定"→"自动添加几何关系"。

或单击"选项"图标、几何关系/捕捉，然后选择"自动添加几何关系"。

当绘制草图时，指针更改形状以显示可生成哪些几何关系，见表 2-2。当自动添加几何关系被选中时，将添加几何关系。

**3．草图的几何状态**

草图的几何状态：草图可能处于以下 5 种状态中的任何一种。草图的状态显示于 SolidWorks 窗口低端的状态栏上。

完全定义：草图中所有的直线和曲线及其位置，均由尺寸或几何关系或两者说明。完全定义的几何图形为黑色（默认）。

过定义：有些尺寸或几何关系、或两者处于冲突中或多余。过定义的几何图形为红色（默认）。

欠定义：草图中的一些尺寸和/或几何关系未定义，可以随意改变。可以拖动端点、直线或曲线，直到草图实体改变形状。欠定义的几何图形为绿色（默认）。

没有找到解：草图未解出。显示导致草图不能解出的几何体、几何关系和尺寸，几何图形以粉红色显示。

发现无效的解：草图虽解出但会导致无效的几何体，如零长度线段、零半径圆弧或自相交叉的样条曲线。几何图形以黄色显示。

在 SolidWorks 中进行草图绘制，首先要了解草图绘制工具栏中各工具的功能，然后循序渐进地学习各种工具的具体操作方法，下面就来介绍各工具的具体含义以及如何利用各工具绘制草图。

（1）绘制直线　在绘图窗口中选择好基准面之后，单击"草图"工具栏里的 ∕（直线）按钮，或者选择菜单栏中的"工具"|"草图绘制实体"|"直线"命令，指定线段图形的起点以及终点位置，即可在工作窗口中，加入一个直线草图图形。

在图形窗口中绘制直线的具体操作步骤如下。

① 执行草图绘制命令中的直线命令，此时的指针形状变为 ✎。

② 在图形区域的适当位置单击鼠标左键确定直线的起点，并释放（或拖动）指针开始直线的绘制操作。

③ 将指针移动到直线的终点单击或将指针拖动到直线的终点释放，即可完成直线绘制，绘制的直线如图2-14所示。

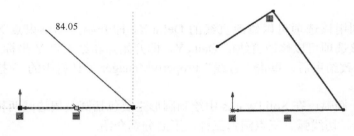

图2-14　绘制直线

④ 通过拖动可以修改直线，进行以下操作之一：

◆ 如要改变直线的长度，需选择一个端点并拖动此端点来延长或缩短直线。

◆ 如要移动直线，需选择该直线并将它拖动到另一个位置。

◆ 如要改变直线的角度，需选择一个端点并拖动它来改变直线的角度。

⑤ 当绘制完成的直线属性需要进行修改时，可以在打开的草图中选择直线，在出现如图2-15所示的"直线"PropertyManager设计树中编辑其属性。

图2-15　"直线"设计树

⑥ 利用"添加几何关系"面板将几何关系添加到所选实体，此处的面板清单中只包括所选实体可能使用的几何关系。

⑦ 在"选项"面板中选择"作为构造线"复选框，可以将实体转换到构造几何线。选择"无限长度"复选框，可以生成一条可以在以后编辑裁剪时所用的无限长度直线。

⑧ 如果直线不受几何关系约束，则可以在"参数"面板中指定以下参数的任何适当组合来定义直线。

选项：利用该选项可以修改直线的长度。

选项：利用该选项可以修改直线的角度。相对于网格线，水平为180°，竖直为90°，正向反时针。

⑨ 在"额外参数"面板中修改直线的开始点与结束点的坐标，以及开始点和结束点坐标之间的差异。

选项：利用该选项可以修改直线开始点的 X 坐标；选项：利用该选项可以修改直线开始点的 Y 坐标。

选项：利用该选项可以修改直线结束点的 X 坐标；选项：利用该选项可以修改直线结束点的 Y 坐标。

选项：利用该选项可以修改直线的 Delta X，即开始点和结束点 X 坐标之间的差异；选项：利用该选项可以修改直线的 Delta Y，即开始点和结束点 Y 坐标之间的差异。

⑩ 各参数修改结束后，单击"直线"PropertyManager 设计树中的 ✔ 按钮，完成对直线参数的修改。

（2）绘制圆、圆弧　在 SolidWorks 中绘制圆形主要包括圆及周边圆两种。绘制圆弧主要有圆心/起/终点画弧、切线弧、三点圆弧三种，下面分别介绍。

① 绘制圆　选择好基准面之后，单击"草图"工具栏里的 ⊙ 按钮，或者选择菜单栏中的"工具"|"草图绘制实体"|"圆"命令，指定圆的圆心以及半径，即可在工作窗口中，加入一个圆草图图形。

在图形窗口中绘制圆的具体操作步骤如下。

a．执行草图绘制命令中的圆命令，此时的指针形状变为 ⌀ 。

b．在图形区域的适当位置单击鼠标左键确定圆的圆心，开始圆的绘制。

c．移动指针并单击鼠标左键来确定圆的半径。在确定了圆的圆心之后拖动鼠标，圆的尺寸会动态地显示出来，如图 2-16 所示。

d．可以将鼠标放置在圆的边缘上抑或是圆心，通过拖动来修改圆的属性，如图 2-17 所示。

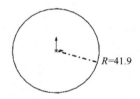

图 2-16　绘制圆

图 2-17　修改圆的属性

提示：拖动圆的边线远离其中心来放大圆；拖动圆的边线靠近其中心来缩小圆；拖动圆的中心来移动圆。

e．在打开的草图中选择圆，在出现如图 2-18 所示的"圆"PropertyManager 设计树中编辑其属性。

f．在"添加几何关系"面板中将几何关系添加到所选实体，面板清单中只包括所选实体可能使用的几何关系。

g．在"选项"面板中选择"作为构造线"复选框可以将实体转换为构造几何线。

h．在"参数"面板中可以指定以下参数的任何适当组合来定义圆。

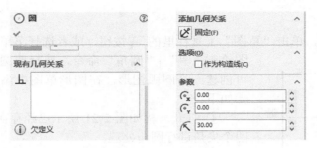

图 2-18　"圆"设计树

$\bigcirc_x$ 选项：利用该选项可以修改圆心点的 X 坐标。

$\bigcirc_y$ 选项：利用该选项可以修改圆心点的 Y 坐标。

$\bigwedge$ 选项：利用该选项可以修改圆的半径。

i．各参数修改结束后，单击"圆"PropertyManager 设计树中的 ✔ 按钮，即可完成对圆参数的修改。

② 绘制周边圆　选择好基准面之后，单击"草图"工具栏里的 ⊕ 按钮，或者选择菜单栏中的"工具"|"草图绘制实体"|"周边圆"命令，指定圆周上的三个点，即可在工作窗口中，加入一个圆草图图形。

在图形窗口中绘制周边圆的具体操作步骤如下。

a．执行草图绘制命令中的圆命令，此时的指针形状变为 ♂ 。

b．在图形区域的适当位置单击鼠标左键确定圆周上的第一点，开始圆的绘制。

c．移动指针并在图形区域的适当位置单击鼠标左键确定圆周上的第二点。

d．移动指针并在图形区域的适当位置单击鼠标左键确定圆周上的第三点。在确定了圆周上的第一点之后拖动鼠标，圆的尺寸会动态地显示，如图 2-19 所示。

e．此时绘制的周边圆与绘制圆相同，这里不再赘述。

f．各参数修改结束后，单击"圆"PropertyManager 设计树中的 ✔ 按钮，即可完成圆的绘制。

③ 用圆心/起/终点画弧工具　选择好基准面之后，单击"草图"工具栏里的 ⌒ 按钮，或者选择菜单栏中的"工具"|"草图绘制实体"|"圆心/起/终点画弧"命令，指定圆弧的圆心、起点以及终点位置，即可在工作窗口中，加入一个圆弧草图图形。

在图形窗口中绘制圆弧草图图形的具体操作步骤如下。

a．执行草图绘制命令中的圆心/起/终点画弧命令，此时的指针形状变为 ✎ 。

b．在图形区域的适当位置单击鼠标左键确定圆弧的圆心。

c．移动鼠标确定圆弧的起点位置，同时圆弧的半径也就确定了，如图 2-20 所示。

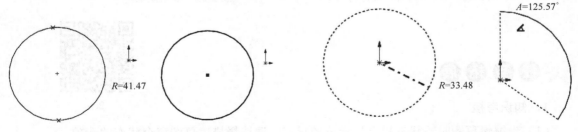

图 2-19　绘制周边圆　　　　　　　　　　图 2-20　绘制圆弧

d．单击鼠标左键以放置圆弧，这样一个圆弧就绘制完成了。

### 4．草图编辑

在打开的草图中，单击"草图"工具栏里的 🔽 按钮，或者选择菜单栏中的"工具"|"草图绘制工具"|"圆角"命令，选择要圆角化的草图实体，即可创建一个圆弧图形。在图形草图中添加圆角的具体操作步骤如下。

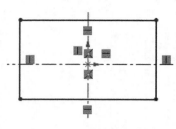

① 打开一幅如图 2-21 所示已经存在的草图。下面对图中四个尖角进行圆角处理。

② 单击"草图"工具栏里的 🔽 按钮，在出现如图 2-22 所示的"绘制圆角"PropertyManager 设计树中设定圆角属性。其"圆角参数"面板各选项的含义如下所述。

图 2-21　打开的草图

🔽（半径）选项：利用该选项可以控制圆角半径。

**注意：**具有相同半径的连续圆角不会单独标注尺寸；它们自动与该系列中的第一个圆角具有相等几何关系。

"保持拐角处约束条件"复选框：如果顶点具有尺寸或几何关系，将保留虚拟交点。如果消除选择，且如果顶点具有尺寸或几何关系，将会询问是否想在生成圆角时删除这些几何关系。

③ 选择要圆角化的草图实体（可以选择非交叉实体）。若要选择草图实体，可以通过下面的方法。

◆ 按住 Ctrl 键并选取两个草图实体。

◆ 选择一边角。

④ 单击"确定" ✔ 按钮接受圆角，或单击"撤销" ✖ 来移除圆角。可以以相反顺序撤销一系列圆角。

如图 2-23 所示为执行圆角后的效果。

图 2-22　"绘制圆角"设计树

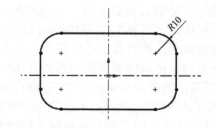

图 2-23　圆角效果

### 1．知识考核

2.1

（1）当编辑草图时，状态栏上显示草图状态。请选择描述草图三个状态的选项：（　　）。

A．欠定义，完全定义，冲突　　　　B．自相交，开放，关闭

C．欠定义，完全定义，过定义　　　D．悬空，未求解，开放

（2）在选择草图工具以前要选择基准面、平面。（　　）

（3）在绘图区域中，不显示草图几何关系，就没有草图几何约束。（　　）

（4）圆、直线、圆弧等图素一旦画出就不能进行修改。（　　）

（5）简述常见的几何约束。

**2. 技能考核**

完成图 2-24 绘制，并标注尺寸。

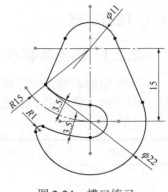

图 2-24　槽口练习

# 任务 2.2　等距实体图形绘制

## 知识点

◎　圆、直线、圆弧、倒圆角等基本图素的正确绘制。

◎　尺寸标注、草图几何关系约束的正确使用。

## 技能点

◎　熟练使用圆、圆弧、倒圆角、偏置曲线等基本图素绘制二维零件草图。

◎　能进行尺寸标注、草图几何关系约束。

◎　掌握草图的几何状态约束。

##  任务描述

本任务要完成的图形如图 2-25 所示。通过本项目的学习，使读者能熟练掌握创建草图、创建草图对象、对草图对象添加尺寸约束和几何约束、偏置曲线等相关的草图操作。通过学习了解草图的构建方法，掌握二维草图的构图技巧。

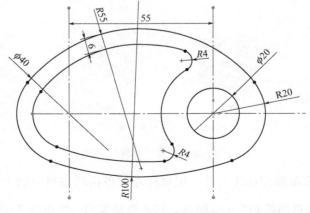

图 2-25　等距实体示例

**任务实施**

### 2.2.1　图形绘制方案设计

从图形的右侧开始绘图。先大致绘出草图形状，然后做约束及一些必要的修剪，再偏置曲线、倒圆角、修剪多余的线素，最后标注尺寸，完成草图绘制。具体绘制方案见表 2-3。

表 2-3　基本草图绘图方案设计

| 步骤 | 1. 创建圆及圆弧图形并标注尺寸 | 2. 创建添加约束关系，剪裁掉多余的线条 |
|------|------|------|
| 图例 | $\phi 40$ $R55$ $\phi 20$ $\phi 41$ $R100$ 55 | $R55$ $\phi 40$ $\phi 20$ $\phi 41$ $R100$ 55 |
| 步骤 | 3. 创建等距实体 | 4. 创建倒两处 $R4mm$ 圆角 |
| 图例 | $R55$ $\phi 40$ $\phi 20$ $\phi 41$ $R100$ 55 | $R55$ $R4$ $\phi 40$ $\phi 20$ $R4$ $\phi 41$ $R100$ 55 |

### 2.2.2　参考操作步骤

（1）新建零件　单击"新建"图标 🗋（注：这种图标有时也称为"按钮"），新建一个"零件"文件，并单击"保存"图标 🖫，如图 2-26 所示。

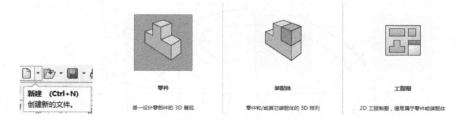

图 2-26　新建"零件"文件

（2）创建圆及圆弧图形并标注尺寸　用鼠标左键单击状态树中的"前视"，打开草图工具栏，然后用左键单击"草图绘制"草图绘制图标，打开草绘窗口。绘出圆及圆弧图形，并标注尺寸，如图 2-27 所示。

（3）创建添加约束关系，剪裁掉多余的线条　结果如图 2-28 所示。

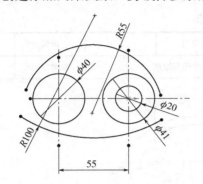

图 2-27　绘出圆及圆弧并标注尺寸

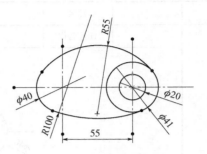

图 2-28　添加约束结果

（4）创建等距实体　在草图工具栏里单击"等距实体"图标 ，打开"等距实体"对话框，修改参数为"6"，并取消"选择链"选项，如图 2-29 所示。然后用左键单击要等距的线条，结果如图 2-30 所示。

图 2-29　"等距实体"对话框

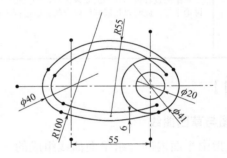

图 2-30　等距实体结果

（5）创建倒两处 R4mm 圆角　单击图标，打开"绘制圆角"对话框，在如图 2-28 所示的界面中修改半径参数为"4"，然后单击要倒圆角的两个边，结果如图 2-31 所示。

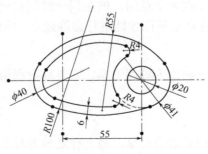

图 2-31　绘制结果

（6）完成零件二维草图造型　如图 2-31 所示，保存文件，退出 SolidWorks。

## 【填写"课程任务报告"】

课程任务报告

| 班级 | | 姓名 | | 学号 | | 成绩 | |
|------|---|------|---|------|---|------|---|
| 组别 | | 任务名称 | | 等距实体图形绘制 | | 参考课时 | 2 学时 |
| 任务图样 | 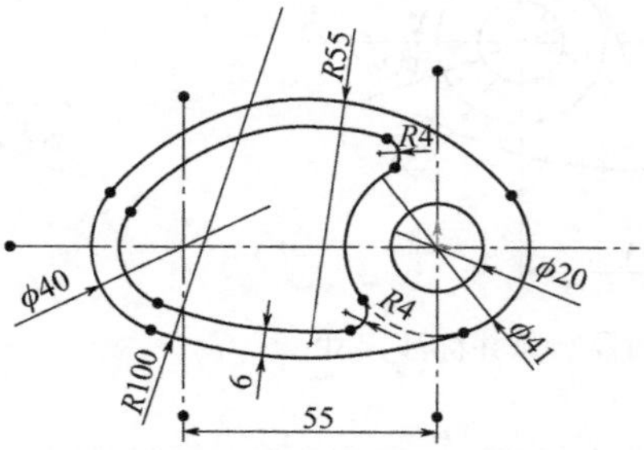 | | | | | | |
| 任务要求 | 1. 对照任务参考过程、相关视频、知识介绍,完成基本草图示例的二维草图设计<br>2. 掌握使用圆、圆弧、倒圆角、等距实体等基本图素绘制二维零件草图<br>3. 能进行尺寸标注、草图几何关系约束<br>4. 掌握草图的几何状态约束 | | | | | | |
| 任务完成<br>过程记录 | 总结的过程按照任务的要求进行,如果位置不够可加附页(根据实际情况,适当安排拓展任务供同学分组讨论学习,此时以拓展训练内容的完成过程进行记录) | | | | | | |

任务图样内容:图中标注 R55、R4、φ40、φ20、φ41、R100、R4、6、55

## 【知识学习】

### 1. 草图与草图曲线

草图是指由平面内的一组平面曲线组成的一个特征,同一类型文件中可以包含多个草图,一个草图可包含多组草图曲线。草图曲线也称为草图对象,是属于草图中的曲线。实际上也只有草图曲线才能建立实体模型。

### 2. 活动草图与非活动草图

尽管一个模型文件中可以存在多个草图,但在同一时刻只允许一个草图是"活动"的,其余草图都是非活动的草图,只有活动草图才能进行曲线建立、曲线修改、曲线约束等编辑工作。

### 3. 建立草图的注意事项

能够利用实体表面或基准平面作为草图平面,则要尽量利用,因为这样建立的草图与指定的草图平面之间存在相关性。

### 4. 活动对象与参考对象

草图对象有两种类型:一种是活动对象,另一种是参考对象,如图 2-32 所示。

活动对象是指实际的草图曲线或尺寸约束,影响整个草图的形状;参考对象是指辅助的草图曲线或尺寸约束,以暗颜色和双点画线型显示。选择草图建立实体特征时,参考曲线不用于建立实体特征。可以通过"作为构造线"对对象进行转换。也可以在弹出的菜单里选择"构造几何线"命令完成转换。

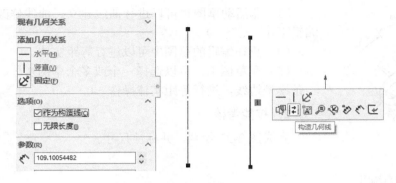

图 2-32　活动对象与参考对象

**5. 等距实体**

按特定的距离等距一个或多个草图实体、所选模型边线或模型面。例如，可等距诸如样条曲线或圆弧、模型边线组、环等之类的草图实体。

可等距有限直线、圆弧和样条曲线。但不能等距套合样条曲线先前等距的样条曲线或会产生自我相交几何体的实体。

（1）在打开的草图中，选择一个或多个草图实体、一个模型面或一条模型边线。

（2）单击草图绘制工具栏上的等距实体 ，或单击工具、草图绘制工具、等距实体。

（3）在 PropertyManager 中的参数下设定以下项目。

◆ 等距距离。设定数值以特定距离来等距草图实体。若想观阅一动态预览，按住鼠标键并在图形区域中拖动指针。当释放鼠标键时，等距实体完成。

◆ 添加尺寸。在草图中包括等距距离。这不会影响到包括在原有草图实体中的任何尺寸。

◆ 反向。更改单向等距的方向。

◆ 选择链。生成所有连续草图实体的等距。

◆ 双向。在双向生成等距实体。

◆ 制作基体结构。将原有草图实体转换到构造性直线。

◆ 顶端加盖。通过选择双向并添加一顶盖来延伸原有非相交草图实体。可生成圆弧或直线为延伸顶盖类型。

（4）单击 ✔ 确定 ，或在图形区域中单击。或在图形区域中单击鼠标左键，完成"等距实体"。

欲改变草图等距的大小：双击等距尺寸，然后更改数值。在双向等距中，单个更改两个等距的尺寸。

2.2

**1. 知识考核**

（1）草图对象有两种类型，一种是_____，另一种是_____。

（2）草图圆角一旦确定后，不能进行修改。（　　　）

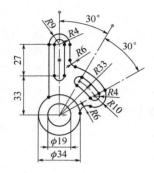

图 2-33　槽口练习

（3）非活动草图也可以进行曲线建立、曲线修改、曲线约束等编辑工作。（　　）

（4）正在编辑的草图中可以进行等距实体。（　　）

（5）在草图中，可以选择一个或多个草图实体、一个模型面或一条模型边线，进行等距实体操作。（　　）

**2. 技能考核**

完成图 2-33 绘制，并标注尺寸。

# 任务 2.3　草图镜像图形绘制

## 知识点

◎ 圆、直线、圆弧、倒圆角、镜像曲线等基本图素的正确绘制。
◎ 尺寸标注、草图几何关系约束的正确使用。

## 技能点

◎ 熟练使用圆、圆弧、倒圆角、镜像等基本图素绘制二维零件草图。
◎ 能进行尺寸标注、草图几何关系约束。
◎ 掌握草图的几何状态约束。

## 任务描述

本任务要完成的图形如图 2-34 所示。通过本项目的学习，使读者能熟练掌握创建草图、创建草图对象、对草图对象添加尺寸约束和几何约束、镜像曲线等相关的草图操作。通过学习了解草图的构建方法，掌握二维草图的构图技巧。

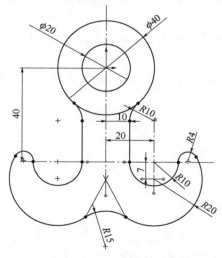

图 2-34　草图镜像示例

**任务实施**

### 2.3.1 图形绘制方案设计

先绘出图形的上部，然后绘出图形的右半部分，再通过镜像方法完成左侧图形的绘制，倒圆角、修剪多余的线素，最后标注尺寸，完成草图绘制。具体绘制方案见表 2-4。

表 2-4 草图镜像绘图方案设计

| 步骤 | 1. 新建零件 | 2. 绘出图形的上部及右侧图形，并标注尺寸 | 3. 创建镜像实体 | 4. 创建圆角及隐藏草图几何关系 |
|---|---|---|---|---|
| 图示 | | | | |

### 2.3.2 参考操作步骤

（1）新建文件 单击"新建"图标（注：这种图标有时也称为"按钮"），新建一个"零件"文件，并单击"保存"图标，如图 2-35 所示。

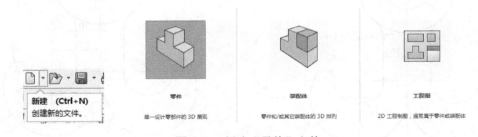

图 2-35 新建"零件"文件

（2）创建图形的上部及右侧图形，并标注尺寸 用鼠标左键单击状态树中的"前视"，再用左键单击 草图绘制 图标，此时打开草绘工具栏，然后用左键单击 草图绘制 图标，打开草绘窗口。绘出本例图形的上部及右侧图形，并标注尺寸，如图 2-36 所示。

（3）创建镜像实体 草图工具栏里单击"镜像实体"图标 镜向实体，打开"镜像实体"

对话框，如图 2-37 所示镜像点选取"1"处中心线，要镜像的实体依次选取，完成镜像实体操作，如图 2-38 所示。

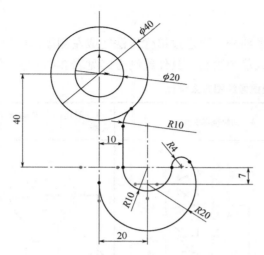

图 2-36　绘出图形上部及右侧并标注尺寸

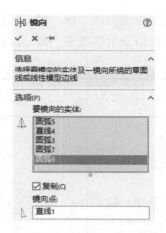

图 2-37　镜像实体对话框

**注意**：镜像实体，按住键盘上的 **Ctrl** 键，再用鼠标左键（或用窗口方式）拾取 1 处的中心线及下部右侧实体。然后单击"镜像实体"命令，完成下左侧的图形的构建。

（4）创建圆角及隐藏草图几何关系　在上步确定后得到的镜像实体，最后应用"圆角"命令完成最终造型（隐藏草图几何关系），裁剪多余的圆弧线，完成实体造型，如图 2-39 所示。

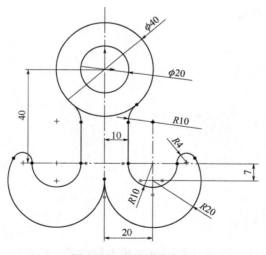

图 2-38　完成镜像实体

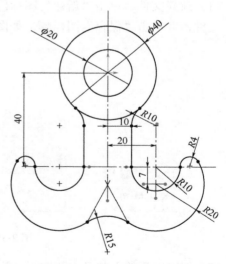

图 2-39　最终造型

（5）完成零件二维草图造型　如图 2-39 所示，保存文件，退出 SolidWorks。

## 【填写"课程任务报告"】

课程任务报告

| 班级 | | 姓名 | | 学号 | | 成绩 | |
|---|---|---|---|---|---|---|---|
| 组别 | | 任务名称 | | 草图镜像图形绘制 | | 参考课时 | 2 学时 |
| 任务图样 | | | | | | | |
| 任务要求 | 1. 对照任务参考过程、相关视频、知识介绍，完成基本草图示例的二维草图设计<br>2. 掌握使用圆、直线、圆弧、倒圆角、镜像实体等基本图素绘制二维零件草图<br>3. 能进行尺寸标注、草图几何关系约束<br>4. 掌握草图的几何状态约束 | | | | | | |
| 任务完成过程记录 | 总结的过程按照任务的要求进行，如果位置不够可加附页（根据实际情况，适当安排拓展任务供同学分组讨论学习，此时以拓展训练内容的完成过程进行记录） | | | | | | |

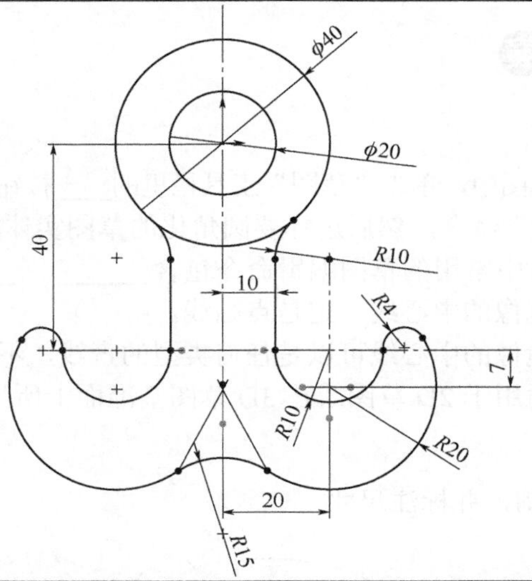

## 【知识学习】

### 1. 镜像实体包括的功能

（1）镜像只包括新的实体，或包括原有及镜像的实体。

（2）镜像某些或所有草图实体。

（3）绕任何类型直线来镜像，不仅仅是构造性直线。

（4）沿工程图、零件或装配体中的边线镜像。

当生成镜像实体时，SolidWorks 软件会在每一对相应的草图点（镜像直线的端点、圆弧的圆心等）之间应用一对称关系。如果更改被镜像的实体，则其镜像图像也会随之更改。

### 2. 镜像草图实体的步骤

（1）在打开草图中单击"镜像实体"图标 ⊶ **镜向实体** （草图工具栏），或依次单击"工具"→"草图绘制实体"→"镜像"。

（2）在 PropertyManager 中：

① 为"要镜像的实体" ⚠ 选择草图实体。

② 消除复制来添加所选实体的镜像复件并移除原有草图实体。或选择复制以包括镜像复件和

原始草图实体。

③ 为镜像点 选择边线或直线。

④ 单击"确定"按钮 ✓ 。

2.3

**1. 知识考核**

（1）在打开的草图中，单击"草图"工具栏里的____按钮，或者选择菜单栏中的"_____"｜"_____"｜"_____"命令，然后选择要圆角化的草图实体，即可创建一个圆弧图形。

（2）SolidWorks 中常用的草图编辑命令包含_____、_____、_____、____及_____等。

（3）草图实体镜像的中心线一定是点画线。（　）

（4）草图实体镜像的中心线可以是任何类型的直线，不仅仅是构造性直线。（　）

（5）镜像实体适用于 2D 草图或在 3D 草图基准面上所生成的 2D 草图。（　）

**2. 技能考核**

完成图 2-40 绘制，并标注尺寸。

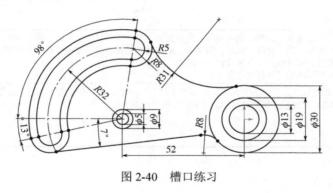

图 2-40　槽口练习

# 任务 2.4　草图阵列图形绘制

## 知识点

◎ 圆、直线、圆弧、倒圆角、阵列曲线等基本图素的正确绘制。

◎ 尺寸标注、草图几何关系约束的正确使用。

## 技能点

◎ 熟练使用圆、圆弧、倒圆角、阵列等基本图素绘制二维零件草图。

◎ 能进行尺寸标注、草图几何关系约束。

◎ 掌握草图的几何状态约束。

**任务描述**

本任务要完成的图形如图 2-41 所示。通过本项目的学习，使读者能熟练掌握创建草图、创建草图对象、对草图对象添加尺寸约束和几何约束、阵列曲线等相关的草图操作。通过学习了解草图的构建方法，掌握二维草图的构图技巧。

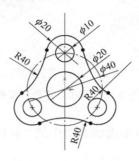

图 2-41　草图阵列示例

 **任务实施**

### 2.4.1　图形绘制方案设计

从图形的中心及上部开始绘图，先大致绘出草图形状，然后做 120° 变换，再绘出圆弧添加约束关系，最后标注尺寸，完成草图。具体绘制方案见表 2-5。

表 2-5　草图阵列绘图方案设计

| 步骤 | 1. 创建基本图形 | 2. 创建圆周阵列实体 | 3. 创建实体固定约束 |
|---|---|---|---|
| 图示 | | | |

| 步骤 | 4. 创建与圆相切的圆弧 | 5. 创建剪裁实体 | |
|---|---|---|---|
| 图示 | | | |

### 2.4.2　参考操作步骤

（1）新建文件　单击"新建"图标（注：这种图标有时也称为"按钮"），新建一个"零件"文件，并单击"保存"图标，如图 2-42 所示。

新建 SOLIDWORKS 文件

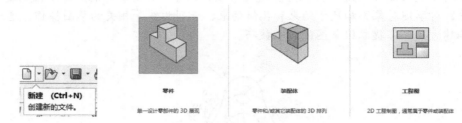

零件
单一设计零部件的 3D 展现

装配体
零件和/或其它装配体的 3D 排列

工程图
2D 工程制图，通常属于零件或装配体

图 2-42　新建"零件"文件

（2）创建基本图形　用鼠标左键单击状态树中的"前视"，再用左键单击 草图绘制 图标，此时打开草绘工具栏，然后用左键单击 草图绘制 图标，打开草绘窗口。绘出本例基本图形，并标注尺寸，如图 2-43 所示。

（3）创建圆周阵列实体　此时单击"圆周草图阵列"图标 圆周草图阵列，在状态树中显示出"圆周阵列"命令选项对话框，如图 2-44 所示。设置参数如下。

◆ 阵列总角度：360°。
◆ 等间距：选中。
◆ 阵列实例数：3 个。
◆ 要阵列实体：两个同心圆。

完成阵列实体创建，如图 2-45 所示。

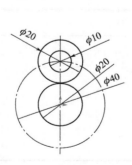

图 2-43　绘制基本图形

图 2-44　圆周实体对话框

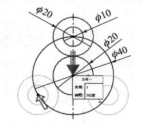

图 2-45　圆周阵列实体

（4）创建固定约束　为了下一步操作更方便，此步先将这个圆加上固定约束，如图 2-46 所示。

（5）创建与圆相切的圆弧　应用"圆弧"命令绘出 3 段 R40mm 的圆弧，并添加相应圆的相切关系，如图 2-47 所示。

（6）创建剪裁实体 用"剪裁实体"命令做适当修剪，删除上一步的固定约束，添加圆弧的尺寸约束，如图 2-48 所示。

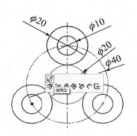

图 2-46 添加固定约束

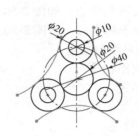

图 2-47 添加与圆相切的圆弧

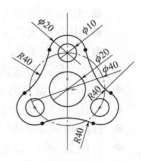

图 2-48 绘制结果

如果此时图形没有完全约束（实线变成黑色），可适当添加有关约束。例如，点在线上、点在圆弧或圆上等。

（7）完成零件二维草图造型 如图 2-48 所示，保存文件，退出 SolidWorks。

## 【填写"课程任务报告"】

### 课程任务报告

| 班级 | | 姓名 | | 学号 | | 成绩 | |
|---|---|---|---|---|---|---|---|
| 组别 | | 任务名称 | | 草图阵列图形绘制 | | 参考课时 | 2 学时 |
| 任务图样 | | | | | | | |
| 任务要求 | 1. 对照任务参考过程、相关视频、知识介绍，完成基本草图示例的二维草图设计<br>2. 掌握使用圆、直线、圆弧、倒圆角、阵列实体等基本图素绘制二维零件草图<br>3. 能进行尺寸标注、草图几何关系约束<br>4. 掌握草图的几何状态约束 | | | | | | |
| 任务完成过程记录 | 总结的过程按照任务的要求进行，如果位置不够可加附页（根据实际情况，适当安排拓展任务供同学分组讨论学习，此时以拓展训练内容的完成过程进行记录） | | | | | | |

## 【知识学习】

### 1. 圆周阵列

圆周阵列是借助旋转中心、角度和数量等参数，将草图实体在基准面或模型上生成圆周草图阵列。

要阵列实体，首先在图形区域中为要阵列的对象，选择草图实体，并合理设置如下参数。

◆ 反向。

◆ 为阵列选取一中心。

　● 使用草图原点（默认），如图 2-49 所示。

　● 中心点 X：沿 X 轴设定阵列中心，如图 2-50 所示。

　● 中心点 Y：沿 Y 轴设定阵列中心，如图 2-50 所示。

◆ 间距：设定阵列中包括的总度数数量。

◆ 等间距：设定阵列实例彼此间距相等。

◆ 标注半径：显示圆周阵列的半径。

◆ 标注角间距：显示阵列实例之间的尺寸。

◆ 实例数：设定阵列实例的数量。

◆ 显示实例记数：显示阵列中的实例数。

◆ 半径：设定阵列的半径。

◆ 圆弧角度：设定从所选实体的中心到阵列的中心点或顶点所测量的夹角。

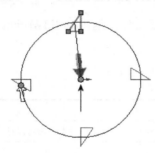
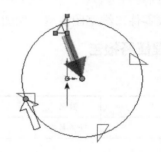

图 2-49　阵列中心位于草图原点　　　　图 2-50　阵列中心沿 X 和 Y 轴设定

如果要跳过实体，操作如下：单击要跳过的实例并使用指针在图形区域中选择不希望包括在阵列中的实例。

**2．线性草图阵列**

使用基准面上或模型上的草图实体生成线性草图阵列。

一般准则包括：

（1）预选要阵列的实体，可以通过为实例数设置一个值来选择沿任一轴进行阵列。

◆ 选取 X 轴、线性实体或模型边线来定义方向 1（如图 2-51 所示）。

◆ 为方向 2 进行重复（Y 轴），只在选取方向 1 时会激活。

在图形区域中为要阵列的实体使用，选择草图实体，并合理设置如下参数。

◆ 反向。

◆ 间距：设定阵列实例间的距离。

◆ 标注 X 间距：显示阵列实例之间的尺寸。

◆ 实例数：设定阵列实例的数量。

◆ 显示实例记数：显示阵列中的实例数。

◆ 角度：水平设定角度方向（X 轴）。

（2）在为方向 2 设定值时激活方向 2。

◆ 在轴之间标注角度：为阵列之间的角度显示尺寸。

◆ 沿 Y 轴的角度值取决于阵列沿 Y 轴的方向以及为沿 X 轴的角度设置的值（如图 2-52 所示）。

方向 1

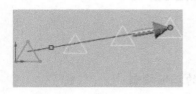

方向 2

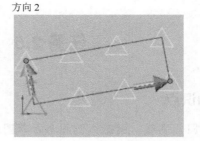

图 2-51 沿 X 轴的线性阵列设定到 10°  　　图 2-52 沿 X 和 Y 轴的线性阵列，离 Y 轴有 100°

如果要跳过草图阵列实体，操作如下：单击要跳过的实例并使用指针在图形区域中选择不想包括在阵列中的实例。

2.4

## 任务拓展

**1. 知识考核**

（1）圆周阵列是借助旋转中心、角度和数量等参数，将草图实体在基准面或模型上生成圆周草图阵列。（　　）

（2）圆周阵列可以在任何角度范围内进行阵列。（　　）

（3）线性阵列时可以选择不想包括在阵列中的实体。（　　）

（4）线性阵列只能向一个方向进行阵列，X 轴或者 Y 轴方向。（　　）

（5）简述圆周阵列与线性阵列的区别。

**2. 技能考核**

完成图 2-53 和图 2-54 图形绘制，并标注尺寸。

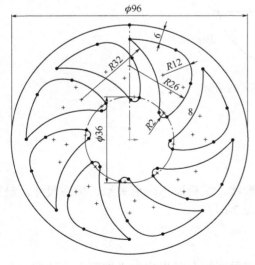

图 2-53 圆周阵列

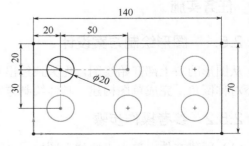

图 2-54 线性阵列

# 任务 2.5　草图倒角图形绘制

###  知识点

◎ 圆、直线、圆弧、倒圆角、草图倒角等基本图素的正确绘制。
◎ 尺寸标注、草图几何关系约束的正确使用。

### 技能点

◎ 熟练使用圆、圆弧、倒圆角、倒角等基本图素绘制二维零件草图。
◎ 能进行尺寸标注、草图几何关系约束。
◎ 掌握草图的几何状态约束。

### 任务描述

本任务要完成的图形如图 2-55 所示。通过本项目的学习，使读者能熟练掌握创建草图、创建草图对象、对草图对象添加尺寸约束和几何约束、倒角等相关的草图操作。通过学习了解草图的构建方法，掌握二维草图的构图技巧。

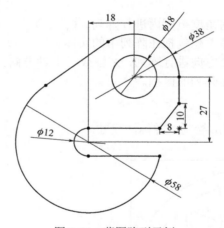

图 2-55　草图阵列示例

### 任务实施

#### 2.5.1　图形绘制方案设计

从图形的右上部开始绘图，先大致绘出草图形状，然后添加约束关系、标注尺寸，最后作出不对称倒角，完成草图构建。具体绘制方案见表 2-6。

#### 2.5.2　参考操作步骤

（1）新建文件　单击"新建"图标 （注：这种图标有时也称为"按钮"），新建一个"零件"文件，并单击"保存"图标 ，如图 2-56 所示。

表 2-6   草图阵列绘图方案设计

| 步骤 | 1. 创建基本图形 | 2.创建草图几何约束及标注尺寸 | 3. 创建修剪草图 |
|------|------|------|------|
| 图示 | 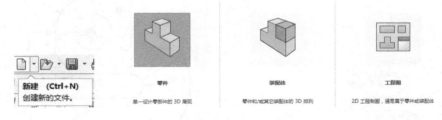 | | |

| 步骤 | 4. 创建不对称倒角 | 5. 创建隐藏草图几何关系 |
|------|------|------|
| 图示 | | |

新建 SOLIDWORKS 文件

图 2-56   新建"零件"文件

（2）创建基本草图   用鼠标左键单击状态树中的"前视"，再用左键单击 草图绘制 图标，此时打开草绘工具栏，然后用左键单击 草图绘制 图标，打开草绘窗口。绘出如图 2-57 所示的图形。

（3）创建草图几何约束及标注尺寸   添加斜线与两大圆相切的约束关系，并标注尺寸。结果如图 2-58 所示。

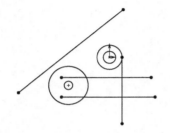

图 2-57   绘制基本草图

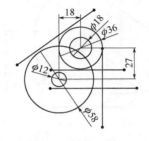

图 2-58   添加约束

（4）创建修剪草图   修剪草图，结果如图 2-59 所示。

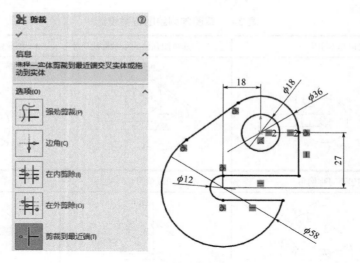

图 2-59　修剪草图

（5）创建不对称倒角　此时单击"倒角"图标 ⌐，在状态树中显示出"倒角"命令选项对话框，如图 2-60 所示。完成不对称倒角创建，如图 2-61 所示。

图 2-60　"倒角"对话框

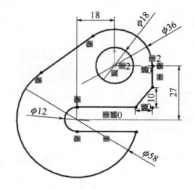

图 2-61　不对称倒角

（6）创建隐藏草图几何关系　单击"确定"按钮后，隐藏草图几何关系。完成本例绘图，最终结果如图 2-62 所示。此时状态栏内显示草图已完全定义，如图 2-63 所示。

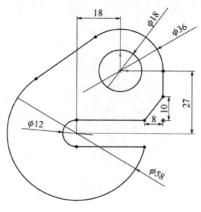

图 2-62　绘图最终结果

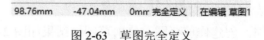

图 2-63　草图完全定义

（7）完成零件二维草图造型　如图 2-62 所示，保存文件，退出 SolidWorks。

## 【填写"课程任务报告"】

### 课程任务报告

| 班级 | | 姓名 | | 学号 | | 成绩 | |
|---|---|---|---|---|---|---|---|
| 组别 | | 任务名称 | 草图倒角图形绘制 | | 参考课时 | | 2 学时 |
| 任务图样 | 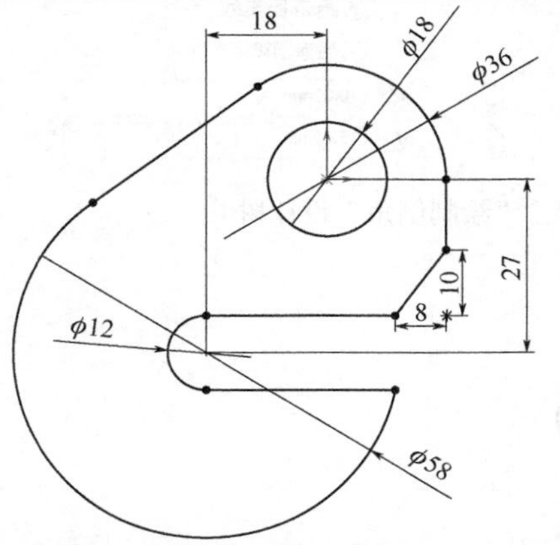 | | | | | | |
| 任务要求 | 1. 对照任务参考过程、相关视频、知识介绍，完成基本草图示例的二维草图设计<br>2. 掌握使用圆、直线、圆弧、倒圆角、不对称倒角等基本图素绘制二维零件草图<br>3. 能进行尺寸标注、草图几何关系约束<br>4. 掌握草图的几何状态约束 | | | | | | |
| 任务完成<br>过程记录 | 总结的过程按照任务的要求进行，如果位置不够可加附页（根据实际情况，适当安排拓展任务供同学分组讨论学习，此时以拓展训练内容的完成过程进行记录） | | | | | | |

## 【知识学习】

"绘制倒角"工具在 2D 和 3D 草图中将倒角应用到相应的草图实体中。此工具在 2D 和 3D 草图中均可使用。特征工具栏上的倒角工具将实体倒角，如零件中的边线。

在打开的草图中，单击"草图"工具栏里的 ⌐ 按钮，或者选择菜单栏中的"工具"|"草图绘制工具"|"倒角"命令，选择要倒角的草图实体，即可创建一个圆弧图形。

在图形草图中添加倒角的具体操作步骤如下。

（1）打开一幅已经存在的草图。

（2）单击"草图"工具栏里的 ⌐ 按钮，在出现如图 2-64 所示的"绘制倒角"PropertyManager 设计树中设定圆角属性。其"倒角参数"面板各选项的含义如下所述。

◆ 角度距离

选项：利用该选项可以将距离 1 应用到第一个所选的草图实体。

选项：利用该选项可以将方向 1 角度应用到从第一个草图实体开始的第二个草图实体。如图 2-65 所示为执行角度距离倒角后的效果。

◆ 距离-距离

"相等距离"复选框被选择。距离 1 应用到两个草图实体。

"相等距离"复选框被消除。距离 1 应用到第一个所选的草图实体；距离 2 应用到第二个所选的草图实体。

如图 2-65 所示为执行距离-距离倒角后的效果。

图 2-64 "绘制倒角"设计树

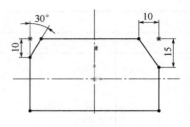

图 2-65 倒角效果

## 任务拓展

2.5

**1．知识考核**

（1）在草图中的倒角，（　　）是不允许的。

A．角度距离　　　　　B．距离-距离　　　　　C．相等距离　　　　　D．角度-距离-角度

（2）当镜像草图实体，（　　）几何关系被增加。

A．对称　　　　　　　B．镜像　　　　　　　C．共线　　　　　　　D．相等

（3）在选择草图工具以前，要选择基准面，平面。（　　）

（4）简述在 SolidWorks 中是如何设置尺寸选项的。

（5）在 SolidWorks 中有哪几种常用的草图绘制工具，试举例描述其中两种工具绘制草图的步骤。

（6）修改尺寸的属性时，可以采用哪些操作打开"尺寸属性"对话框，并对尺寸进行修改？

**2．技能考核**

完成图 2-66、图 2-67 图形绘制，并标注尺寸。

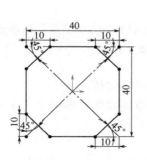

图 2-66 图形绘制（一）

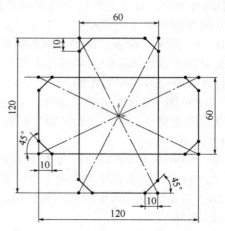

图 2-67 图形绘制（二）

## 【项目小结】

　　本项目主要介绍了 SolidWorks 草图功能的相关操作以及曲线进行编辑命令的使用方法，这部分内容是 SolidWorks 的基本知识，读者需要掌握这些基本的操作方法，并在实际应用中加以灵活运用，以便达到设计目的，而且只有掌握了这些内容才能为进一步使用 SolidWorks 打下良好的基础。

　　通过对本项目的学习，读者应该重点掌握应用草图绘制实体、草图工具、尺寸标注、几何关系等命令完成二维图形的绘图，掌握草图设计的一般步骤和应用技巧。

 项目三 **工业机器人零部件
造型设计**

## 【项目教学导航】

| 学习目标 | 培养学生在学习拉伸、旋转、孔、镜像、拔模、放样、倒角及扫描特征的基础上进一步利用样条曲线绘制、转换实体引用、草图镜像等草图编辑命令，以及筋、抽壳特征快速、正确地创建零件模型 | | | |
|---|---|---|---|---|
| 项目要点 | ※ 直线、圆、圆弧、中心线<br>※ 修剪、草图约束、尺寸标注<br>※ 拉伸基体、拉伸切除、旋转<br>※ 基准平面、基准轴线、螺旋线<br>※ 倒圆角、扫描、阵列、参考几何体 | | | |
| 重点难点 | 转换实体引用、镜像草图等草图编辑命令的使用方法、方程式驱动曲线的绘制以及筋、抽壳特征的创建 | | | |
| 学习指导 | 学习本项目时要注意：样条曲线的绘制需要根据实际选择类型，筋特征以及抽壳特征的学习要结合前面学习的拉伸、旋转、孔、镜像、拔模、放样、倒角及扫描特征创建来进行，需要大量的练习才能够熟练掌握这些知识的应用方法，才能够快速、正确创建出零件的三维模型，提高作图效率 | | | |
| 教学安排 | 任务 | 教学内容 | 学时 | 作业 |
| | 任务 3.1 | 工业机器人轴类零部件造型 | 4 | 任务 3.1 附带知识考核、技能考核 |
| | 任务 3.2 | 工业机器人法兰类零部件造型 | 4 | 任务 3.2 附带知识考核、技能考核 |
| | 任务 3.3 | 工业机器人齿轮类零部件造型 | 4 | 任务 3.3 附带知识考核、技能考核 |
| | 任务 3.4 | 工业机器人标准零部件造型 | 4 | 任务 3.4 附带知识考核、技能考核 |
| | 任务 3.5 | 工业机器人叉架零部件造型 | 4 | 任务 3.5 附带知识考核、技能考核 |
| | 任务 3.6 | 工业机器人零部件三维曲面造型 | 4 | 任务 3.6 附带知识考核、技能考核 |

## 【项目简介】

众所周知，每个零件都是由许多个简单特征经过相互叠加、切割或组合而成的。因此，在进行零件建模时，特征的生成顺序非常重要。

SolidWorks 按创建顺序将构成零件的特征分为基本特征和构造特征两类。最先建立的那个特征是基本特征，它常常是零件最重要的特征。

在建立好基本特征后，才能创建其他各种特征，基本特征之外的这些特征统称为构造特征。另外，按照特征生成方法的不同，又可以将构成零件的特征分为草绘特征和放置特征。

零件实体建模的基本过程可以由如下几个操作组成。

（1）零件设计模式。

（2）分析零件特征，并确定特征创建顺序。

（3）创建与修改基本特征。

（4）创建与修改其他构造特征。

（5）所有特征完成之后，存储零件模型。

草绘特征是指在特征的创建过程中，设计者必须通过草绘特征截面才能生成特征。创建草绘特征是零件建模过程中的主要工作。草绘特征主要包括：拉伸特征、旋转特征、扫描特征以及放样特征等。

# 任务 3.1 工业机器人轴类零部件造型

 **知识点**

◎ 拉伸、切除拉伸、倒角等基本命令。

◎ 拉伸、倒角特征类型各参数含义。

 **技能点**

◎ 熟练使用拉伸命令、切除拉伸命令、倒角命令、基准平面命令等完成造型方案设计。

◎ 能进行尺寸标注、草图几何关系约束。

◎ 掌握拉伸命令的操作步骤。

 **任务描述**

本任务要完成的图形如图 3-1 所示。通过本项目的学习，使读者能熟练掌握创建拉伸特征、切除拉伸特征、对草图对象添加尺寸约束和几何约束等相关的草图操作。通过学习了解拉伸特征的构建方法，掌握三维造型的构图技巧。

手腕电机齿轮连接轴图样如图 3-1 所示。它属于典型的轴类零件，其结构主要由拉伸、切除拉伸、倒角等特征组成。

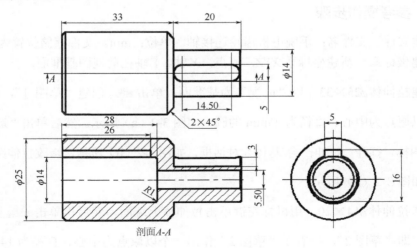

图 3-1 手腕电机齿轮连接轴

**任务实施**

### 3.1.1　造型方案设计

手腕电机齿轮连接轴由拉伸、切除拉伸、倒角等规则的基本体素组成，主要通过拉伸命令、切除拉伸命令、倒角命令、基准平面命令等完成造型方案设计。具体造型方案见表3-1。

表3-1　手腕电机齿轮连接轴造型方案设计

| 步骤 | 1. 创建拉伸体ϕ25×33 | 2. 创建拉伸体ϕ14×20 | 3. 创建倒角 2×45° | 4. 基准面1 距XZ平面7mm |
|---|---|---|---|---|
| 图示 | | | | |

| 步骤 | 5. 创建切除拉伸19.5×5×3 | 6. 创建倒角 0.5×45° | 7. 创建倒角 1×45° | 8. 创建切除拉伸ϕ14×28 |
|---|---|---|---|---|
| 图示 | | | | |

| 步骤 | 9. 创建切除拉伸26×5×2 | 10. 倒角 0.5×45° | 11. 切除拉伸ϕ5.5×25 | 12. 倒角 0.5×45° |
|---|---|---|---|---|
| 图示 | | | | |

### 3.1.2　参考操作步骤

（1）新建文件　文件名：手腕电机齿轮连接轴。单位：mm。文件存储位置为E:盘根目录。

（2）创建坐标系　新建坐标系XYZ，原点，X轴、Y轴在前视图基准面。

（3）创建拉伸体ϕ25×33　以"前视"为基准面，单击 草图绘制 创建"草图1"，在"草图1"上作出一个以原点为中心、直径为25mm的圆，如图3-2（a）所示。然后单击"造型"工具栏，再单击 拉伸凸台/基体 图标，打开"拉伸凸台/基体"对话框，如图3-2（b）所示，修改拉伸距离为33mm，完成造型，如图3-2（c）所示。

（4）创建拉伸体ϕ14×20　用鼠标左键单击拉伸体上端面，然后再单击 草图绘制 图标，创建一个新的草图，即"草图2"，接着在"草图2"作出一个以原点为中心、直径为14mm的圆，如图3-3（a）所示。最后将其拉伸，高度为20mm，完成造型，如图3-3（c）所示。

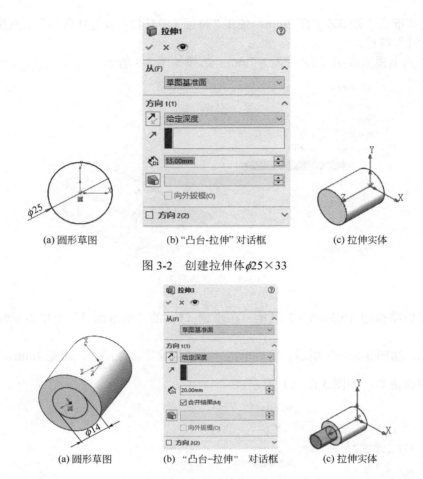

(a) 圆形草图　　　　　(b) "凸台-拉伸" 对话框　　　　　(c) 拉伸实体

图 3-2　创建拉伸体$\phi25\times33$

(a) 圆形草图　　　　　(b) "凸台-拉伸" 对话框　　　　　(c) 拉伸实体

图 3-3　创建拉伸体$\phi14\times20$

（5）创建倒角 $2\times45°$　用鼠标左键单击拉伸体上端面边线处，然后单击 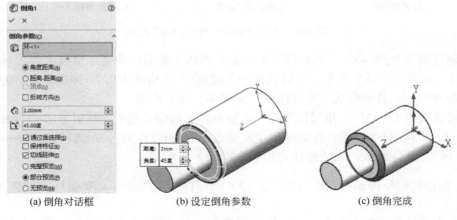 倒角 图标，新建倒角 1，如图 3-4（a）所示，在对话框中左键选中 "角度距离"，距离输入 "2.00mm"，角度输入 "45.00 度"，其他默认，完成操作，如图 3-4（c）所示。

(a) 倒角对话框　　　　　(b) 设定倒角参数　　　　　(c) 倒角完成

图 3-4　创建倒角 $2\times45°$

（6）创建基准面 1 距 *XZ* 平面 7mm　使用"特征"工具栏"参考几何体"工具按钮 基准面 创建"基准面 1"特征。

要求：距离上视基准面（*XZ* 平面）7mm，结果如图 3-5 所示。

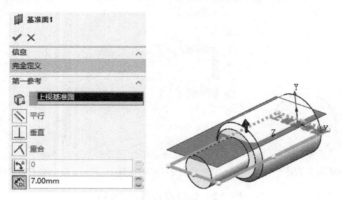

图 3-5　创建基准面 1

（7）创建切除拉伸 19.5×5×3 键槽　在步骤（6）的"基准面 1"上单击草图绘制 图标，创建一个新的草图，如图 3-6（a）所示。然后单击"拉伸切除"命令 拉伸切除，深度 3mm，如图 3-6（b）所示，完成键槽造型，如图 3-6（c）所示。

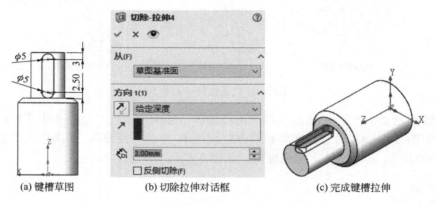

(a) 键槽草图　　　　(b) 切除拉伸对话框　　　　(c) 完成键槽拉伸

图 3-6　创建切除拉伸 19.5×5×3 键槽

（8）创建倒角 0.5×45°　用鼠标左键单击拉伸体上端面边线处，然后单击 倒角 图标，新建倒角 2，如图 3-7（a）所示，在对话框中左键选中 "角度距离"，距离输入"0.5mm"，角度输入"45.00 度"，其他默认，完成操作，如图 3-7（b）所示。

（9）创建倒角 1×45°　用鼠标左键单击拉伸体下端面边线处，然后单击 倒角 图标，新建倒角 2，如图 3-8（a）所示，在对话框中左键选中 "角度距离"，距离输入"1mm"，角度输入"45.00 度"，其他默认，完成操作，如图 3-8（b）所示。

（10）创建切除拉伸 $\phi$14×28　在步骤（3）的圆柱体端面单击草图绘制 图标，创建一个新的草图，然后单击"拉伸切除"命令 拉伸切除，给定深度 28mm，完成切除拉伸孔造型，如图 3-9 所示。

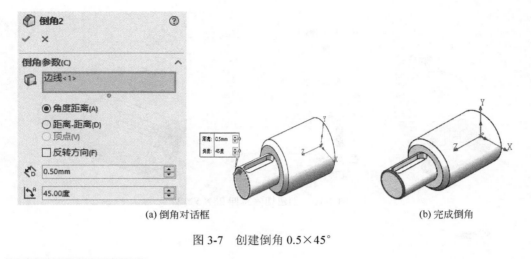

(a) 倒角对话框 (b) 完成倒角

图 3-7 创建倒角 0.5×45°

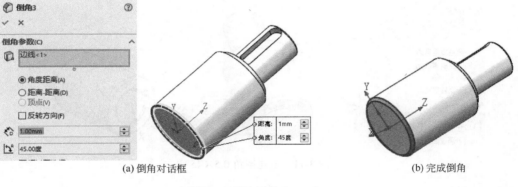

(a) 倒角对话框 (b) 完成倒角

图 3-8 创建倒角 1×45°

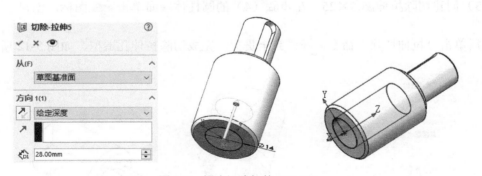

图 3-9 创建切除拉伸 $\phi14×28$

（11）创建切除拉伸 26×5×2 在步骤（3）的圆柱体端面单击 草图绘制 图标，创建一个新的草图，然后单击"拉伸切除"命令 拉伸切除，给定深度 26mm，完成切除拉伸孔造型，如图 3-10 所示。

（12）创建倒角 0.5×45° 用鼠标左键单击步骤（10）切除拉伸体下端面边线处，然后单击 倒角 图标，新建倒角 4，在对话框中左键选中 "角度距离"，距离输入 "0.5mm"，角度输入 "45.00 度"，其他默认，完成操作，如图 3-11 所示。

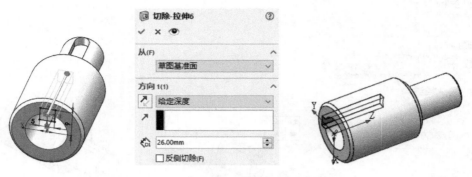

图 3-10　创建切除拉伸 26×5×2

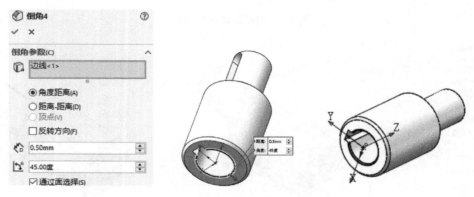

图 3-11　创建倒角 0.5×45°

（13）创建切除拉伸φ5.5×25　在步骤（4）的圆柱体端面单击 草图绘制 图标，创建一个新的草图，然后单击"拉伸切除"命令 拉伸切除，完全贯穿，完成切除拉伸孔造型，如图 3-12 所示。

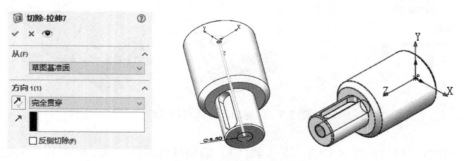

图 3-12　创建切除拉伸φ5.5×25

（14）创建倒角 0.5×45°　用鼠标左键单击步骤（10）切除拉伸体下端面边线处，然后单击 倒角 图标，新建倒角 5，在对话框中左键选中 "角度距离"，距离输入 "0.5mm"，角度输入 "45.00 度"，其他默认，完成操作，如图 3-13 所示。

（15）完成零件造型　如图 3-14 所示，保存文件，退出 SolidWorks。

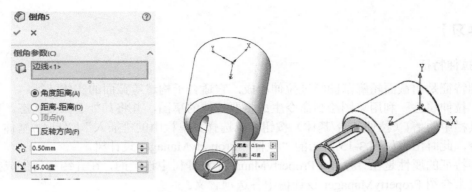

图 3-13　创建倒角 0.5×45°

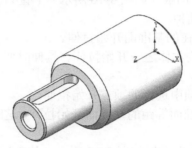

图 3-14　完成零件造型

## 【填写"课程任务报告"】

### 课程任务报告

| 班级 | | 姓名 | | 学号 | | 成绩 | |
| --- | --- | --- | --- | --- | --- | --- | --- |
| 组别 | | 任务名称 | | 手腕电机齿轮连接轴 | | 参考课时 | 4 学时 |
| 任务图样 | 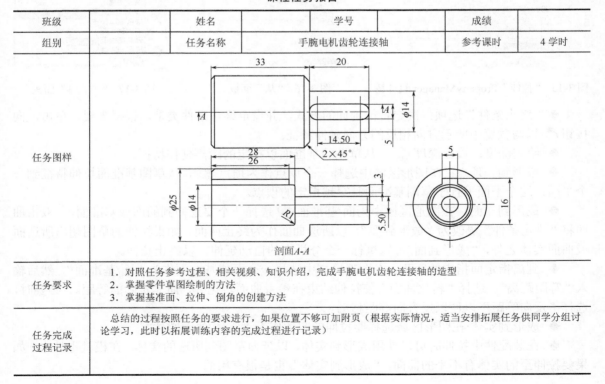 | | | | | | |
| 任务要求 | 1. 对照任务参考过程、相关视频、知识介绍，完成手腕电机齿轮连接轴的造型<br>2. 掌握零件草图绘制的方法<br>3. 掌握基准面、拉伸、倒角的创建方法 | | | | | | |
| 任务完成<br>过程记录 | 　　总结的过程按照任务的要求进行，如果位置不够可加附页（根据实际情况，适当安排拓展任务供同学分组讨论学习，此时以拓展训练内容的完成过程进行记录） | | | | | | |

## 【知识学习】

### 1. 拉伸特征

拉伸特征是由截面轮廓草图经过拉伸而成，它适合于构造等截面的实体特征。

（1）拉伸属性  利用草图绘制命令生成将要拉伸的草图，并将其处于激活状态。单击"特征"工具栏中的 （拉伸凸台/基体）按钮，或选择菜单栏中的"插入"|"凸台/基体"|"拉伸"命令，此时出现如图 3-15 所示的"拉伸"PropertyManager 设计树。

拉伸特征的属性是在"拉伸"PropertyManager 设计树中设定的，在介绍如何生成拉伸特征之前，先来介绍 PropertyManager 设计树中各选项含义。

① "从"面板  利用"从"面板（如图 3-16 所示）下拉列表中的选项可以设定拉伸特征的开始条件，这些条件包括如下几种。

◆ 草图基准面：从草图所在的基准面开始拉伸。

◆ 曲面/面/基准面：从这些实体之一开始拉伸。拉伸时要为曲面/面/基准面🔷选择有效的实体。

◆ 顶点：从在顶点 🔲 选项中选择的顶点开始拉伸。

◆ 等距：从与当前草图基准面等距的基准面开始拉伸。这时需要在输入等距值中设定等距距离。

② "方向 1"面板  "方向 1"面板如图 3-17 所示，其各选项的含义如下所述。

图 3-15  "拉伸"PropertyManager 设计树

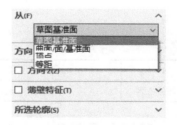

图 3-16  "从"面板

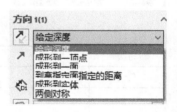

图 3-17  "方向 1"面板

◆ "终止条件"选项：决定特征延伸的方式，并设定终止条件类型。根据需要，单击反向按钮↗ 以与预览中所示方向相反的方向延伸特征。

◆ 给定深度：设定深度 ，从草图的基准面以指定的距离延伸特征。

◆ 成形到一顶点：在图形区域中选择一个顶点作为顶点 🔲 ，从草图基准面拉伸特征到一个平面，这个平面平行于草图基准面且穿越指定的顶点。

◆ 成形到一面：在图形区域中为面/基准面🔷选择一个要延伸到的面或基准面。 双击曲面将"终止条件"更改为"成形到面"，以所选曲面作为终止曲面。如果拉伸的草图超出所选面或曲面实体之外，"成形到面"可以执行一个分析面的自动延伸，以终止拉伸。

◆ 到离指定面指定的距离：在图形区域中选择一个面或基准面作为"面/基准面"，然后输入"等距距离"。选择"转化曲面"使拉伸结束在参考曲面转化处，而非实际的等距。 必要时，选择"反向等距"以便以反方向等距移动。

◆ 成形到实体:在图形区域选择要拉伸的实体作为"实体/曲面实体"。

◆ 在装配件中拉伸时可以使用成形到实体，以延伸草图到所选的实体。在模具零件中，如果要拉伸至的实体有不平的曲面，"成形到实体"也是很有用的。

◆ 两侧对称：设定深度。

◆ ↗（拉伸方向）按钮：在图形区域中选择方向向量以垂直于草图轮廓的方向拉伸草图。

◆ "反侧切除"选项：该选项仅限于拉伸的切除（图中并未出现），表示移除轮廓外的所有材质，默认情况下，材料从轮廓内部移除，如图3-18所示。

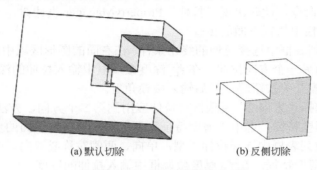

(a) 默认切除                      (b) 反侧切除

图3-18  默认与反侧切除效果

◆ "与厚度相等"选项：该选项仅限于钣金零件（图中并未出现），表示自动将拉伸凸台的深度链接到基体特征的厚度。

◆ ◤（拔模开/关）按钮：新增拔模到拉伸特征。使用时要设定拔模角度，根据需要，选择向外拔模。拔模效果如图3-19所示。

(a) 无拔模              (b) 10°向内拔模角度              (c) 10°向外拔模角度

图3-19  拔模效果

③ "方向2"面板  设定这些选项以同时从草图基准面往两个方向拉伸，这些选项和方向1相同，这里不再赘述。

④ "薄件特征"面板  使用"薄件特征"面板（如图3-20所示）可以控制拉伸厚度（不是深度 ），薄壁特征基体可用作钣金零件的基础。

用于设定薄壁特征拉伸的类型，其下拉列表中包括：

单向：设定从草图以一个方向（向外）拉伸的厚度 。

两侧对称：设定同时以两个方向从草图拉伸的厚度 。

双向：对两个方向分别设定不同的拉伸厚度：方向1厚度 和方向2厚度 。

◆ "自动加圆角"选项：该选项仅限于打开的草图（图中并未出现），表示在每一个具有直线相交夹角的边线上生成圆角。

◆ ◣（圆角半径）选项：当自动加圆角选中时可用，用于设定圆角的内半径。

◆ "顶端加盖"选项：为薄壁特征拉伸的顶端加盖，生成一个中空的零件。同时必须指定加盖厚度 。

◆ ◢（加盖厚度）选项：选择薄壁特征从拉伸端到草图基准面的加盖厚度。

⑤ "所选轮廓"面板  所选轮廓允许使用部分草图来生成拉伸特征。在图形区域中选择草

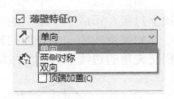

图3-20  不同终止条件效果

图轮廓和模型边线将显示在"所选轮廓"面板中。

（2）拉伸步骤　要生成拉伸特征，可以采用下面的步骤。

① 利用草图绘制命令生成将要拉伸的草图，并将其处于激活状态。

② 单击"特征"工具栏中的 （拉伸凸台/基体）按钮，或选择菜单栏中的"插入"|"凸台/基体"|"拉伸"命令，此时出现"拉伸"PropertyManager 设计树。

③ 在"方向 1"栏中执行下面的步骤

在终止条件下拉列表框中选择拉伸的终止条件。在右面的图形区域中检查预览。如果需要，单击反向按钮 ，向另一个方向拉伸。在  深度微调框中输入拉伸的深度。如果要给特征添加一个拔模，单击拔模开关按钮 ，然后输入拔模角度。

④ 根据需要，选择"方向 2"复选框将拉伸应用到第二个方向，方法同上。

⑤ 如果要生成薄壁特征，选中"薄壁特征"复选框，然后按下面的步骤进行。

在  右边的下拉列表框中选择拉伸类型：单向、两侧对称或双向。单击反向的按钮  可以以相反的方向生成薄壁特征。在  厚度微调框中输入拉伸的厚度。

如果草图是开环系统则只能生成薄壁特征，如图 3-21 所示。

如果草图是一个闭环图形，则既可以选择将其拉伸为薄壁特征，也可以选择将其拉伸为实体特征，如图 3-22 所示。

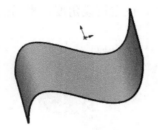

图 3-21　拉伸薄壁效果（开环）

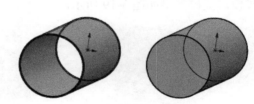

图 3-22　拉伸薄壁效果（闭环）

⑥ 对于薄壁特征基本拉伸，还可以指定以下附加选项。

如果生成的是一个闭环的轮廓草图，可以选中"顶端加盖"复选框，此时将为特征的顶端加上封盖，形成一个中空的零件，如图 3-23 所示。

如果生成的一个开环的轮廓草图，可以选中"自动加圆角"复选框，此时自动在每个具有相交夹角的边线上自动生成圆角，如图 3-24 所示。

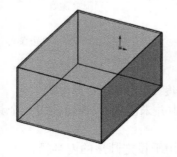

图 3-23　顶端加盖应用到薄壁特征

图 3-24　自动加圆角应用到薄壁特征

## 2．切除拉伸特征

要生成切除拉伸特征，可以按下面的步骤进行。

（1）利用草图绘制命令生成草图，并将其处于激活状态。

（2）单击"特征"工具栏中的  （拉伸切除）按钮，或选择菜单栏中的"插入"｜"切除"｜"拉伸"命令。

（3）此时出现"切除-拉伸"PropertyManager 设计树中的选项与"拉伸"PropertyManager 设计树相同。

（4）在"方向1"栏中按下面的步骤进行。

◆ 在↗右边的下拉列表框中选择切除—拉伸的终止条件。

◆ 如果选择了"反侧切除"复选框则将生成反侧切除特征。

◆ 单击反向按钮↗，可以向另一个方向切除。

◆ 单击拔模/开关钮，可以给特征添加拔模效果。

（5）如果有必要，选择"方向2"复选框将切除拉伸应用到第二个方向，重复步骤（4）。

（6）如果要生成薄壁切除特征，选中"薄壁特征"复选框，然后按下面的步骤进行。

① 在↗右边的下拉列表框中选择切除类型：单一方向、两侧对称或两个方向。

② 单击反向的按钮↗可以以相反的方向生成薄壁切除特征。

③ 在厚度微调框中输入切除的厚度。

（7）单击 ✔ （确定）按钮，完成切除拉伸特征的生成。

利用切除拉伸特征生成的零件效果如图 3-25 所示。

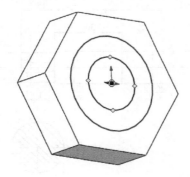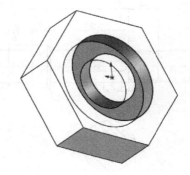

图 3-25　切除拉伸效果

3.1

### 🔍 任务拓展

**1. 知识考核**

（1）拉伸草图可以是封闭的，也可以是开放的。（　　）

（2）拉伸体拔模角度不能超过 90°。（　　）

（3）对于薄壁特征基本拉伸，如果生成的是一个闭环的轮廓草图，可以选中"顶端加盖"复选框。（　　）

（4）对于薄壁特征基本拉伸，可以自动在每个具有相交夹角的边线上自动生成圆角。（　　）

（5）切除拉伸特征不能对称拉伸。（　　）

（6）简述拉伸特征的步骤。

## 2．技能考核

完成图 3-26～图 3-39 所示的三维建模，并保存。

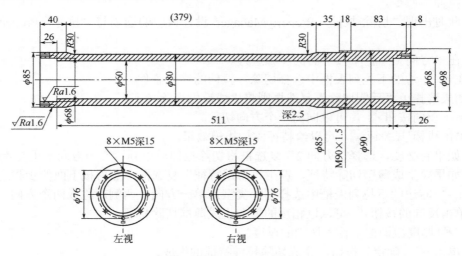

图 3-26　腕部中心轴 1

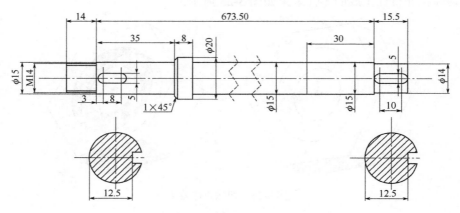

图 3-27　腕部中心轴 2

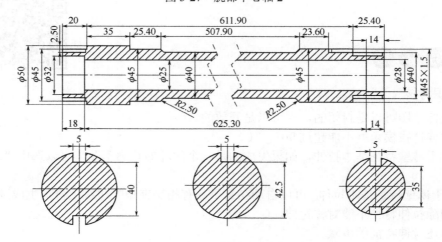

图 3-28　腕部中心轴 3

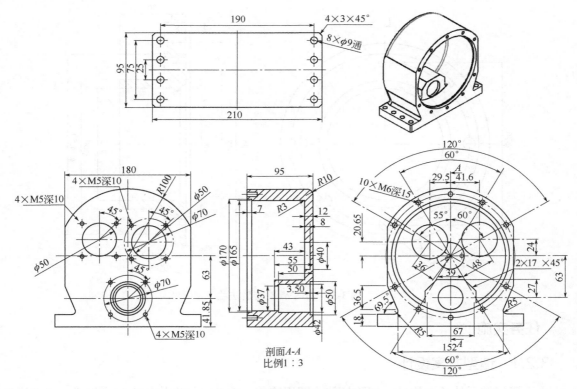

图 3-29　腕部电机齿轮箱

# 任务 3.2　工业机器人法兰类零部件造型

### 知识点

◎ 旋转凸台、切除拉伸、倒角、圆周阵列等基本命令。
◎ 旋转凸台、倒角特征、圆周阵列类型各参数含义。

### 技能点

◎ 熟练使用旋转凸台命令、切除拉伸命令、倒角命令、基准平面命令等完成造型方案设计。
◎ 能进行尺寸标注、草图几何关系约束。
◎ 掌握旋转凸台命令的操作步骤。

### 任务描述

　　本任务要完成的图形如图 3-30 所示。通过本项目的学习，使读者能熟练掌握创建旋转凸台特征、切除拉伸特征、对草图对象添加尺寸约束和几何约束等相关的草图操作。通过学习了解旋转凸台特征的构建方法，掌握三维造型的构图技巧。

　　小手臂旋转后法兰图样如图 3-30 所示。它属于典型的法兰类零件，其结构主要由旋转、切除拉伸、圆周阵列、倒角等特征组成。

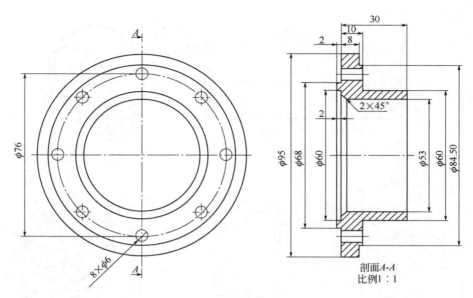

图 3-30　小手臂旋转后法兰

 **任务实施**

### 3.2.1　造型方案设计

小手臂旋转后法兰由旋转、切除拉伸、圆周阵列、倒角等规则的基本体素组成，主要通过旋转命令、切除拉伸命令、阵列命令等完成造型方案设计。具体造型方案见表 3-2。

表 3-2　小手臂旋转后法兰造型方案设计

| 步骤 | 1. 创建旋转凸台 | 2. 创建切除拉伸 | 3. 创建倒角 2×45° | 4. 完成造型 |
|---|---|---|---|---|
| 图示 | 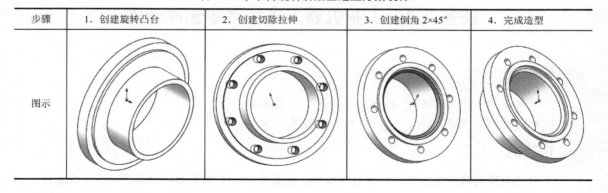 | | | |

### 3.2.2　参考操作步骤

（1）新建文件　文件名：小手臂旋转后法兰。单位：mm。文件存储位置为 E:盘根目录。

（2）创建旋转草图　以"前视"为基准面，单击 草图绘制 创建"草图 1"，在"草图 1"上作出两条相互垂直的中心线，交点与"原点"重合，如图 3-31（a）所示。

作出一草图轮廓，形状与零件图零件轮廓相似，如图 3-31（b）所示，标注尺寸，一共 6 个竖直尺寸，4 个水平尺寸，如图 3-31（c）所示。

**注意**：这时不需修改尺寸。

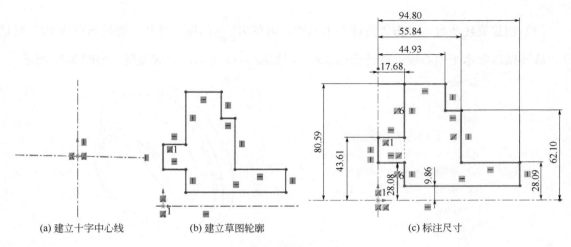

(a) 建立十字中心线　　(b) 建立草图轮廓　　　　　　(c) 标注尺寸

图 3-31　建立草图轮廓并标注尺寸

修改草图中尺寸，首先关闭"自动求解"，如图 3-32 所示，按照图纸尺寸修改每个尺寸，这时修改的值没有发生改变，所有尺寸修改完毕后，打开"自动求解"所有尺寸同时得到修改，如图 3-33 所示，保证了图形的正确性。

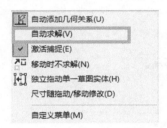

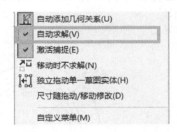

图 3-32　关闭"自动求解"　　　　　　　图 3-33　打开"自动求解"

修改好的草图轮廓及标注尺寸如图 3-34 所示。

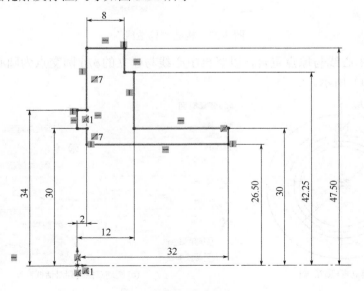

图 3-34　修改后的草图轮廓及标注尺寸

（3）创建旋转凸台　单击"特征"工具栏，再单击  图标，打开"旋转凸台/基体"对话框，旋转轴选取水平中心线，旋转角度360°，如图3-35所示，完成造型，如图3-36所示。

图3-35　旋转命令对话框　　　　　　图3-36　完成旋转造型

（4）创建切除拉伸　选取步骤（3）旋转凸台大端平面为草图平面，单击 草图绘制 创建"草图2"，在"草图2"上作出一直径为76mm的圆，在圆属性菜单里勾选"作为构造线" ☑作为构造线(C) ，如图3-37所示。

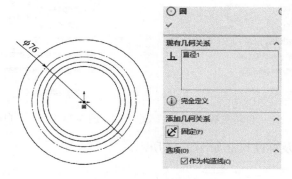

图3-37　构建"构造线"

建立一竖直中心线与原点重合，以竖直中心线与建立的$\phi76$圆交点为圆心，作出直径$\phi8$的圆，如图3-38（a）所示。

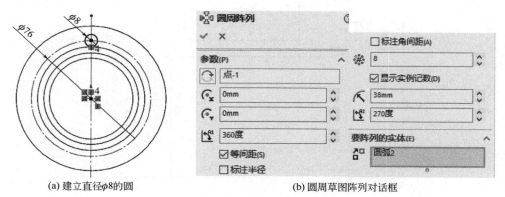

（a）建立直径$\phi8$的圆　　　　　　（b）圆周草图阵列对话框

图3-38　圆周草图阵列

单击草图工具栏，单击圆周草图阵列命令 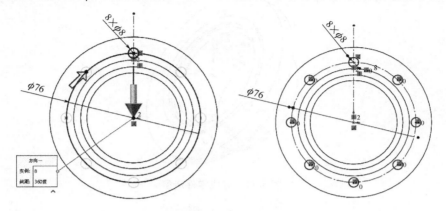 圆周草图阵列，弹出圆周阵列对话框，阵列半径38mm，要阵列的实体为φ8 的圆，如图 3-38（b）所示，圆周阵列后完成草图如图 3-39 所示。

图 3-39　圆周阵列草图

单击"特征"工具栏，再单击 拉伸切除 "拉伸切除"命令，选择建立的草图 2 轮廓，弹出切除拉伸对话框，如图 3-40 所示，完成拉伸切除造型，如图 3-41 所示。

图 3-40　"切除拉伸"对话框

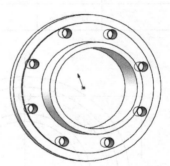

图 3-41　完成拉伸切除造型

（5）创建倒角 2×45°　用鼠标左键单击步骤（3）旋转体端面边线处，然后单击 ⬡ 倒角 图标，新建倒角 1，如图 3-42 所示，在对话框中左键选中 "角度距离"，距离输入 "2.00mm"，角度输入 "45.00 度"，其他默认，完成操作，如图 3-43 所示。

图 3-42　"倒角"对话框

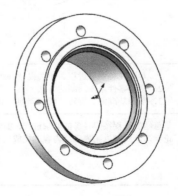

图 3-43　完成倒角命令

（6）完成零件造型　如图 3-44 所示，保存文件，退出 SolidWorks。

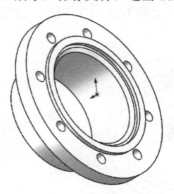

图 3-44　完成零件造型

# 【填写"课程任务报告"】

课程任务报告

| 班级 | | 姓名 | | 学号 | | 成绩 | |
|---|---|---|---|---|---|---|---|
| 组别 | | 任务名称 | | 小手臂旋转后法兰 | | 参考课时 | 8 学时 |
| 任务图样 | | 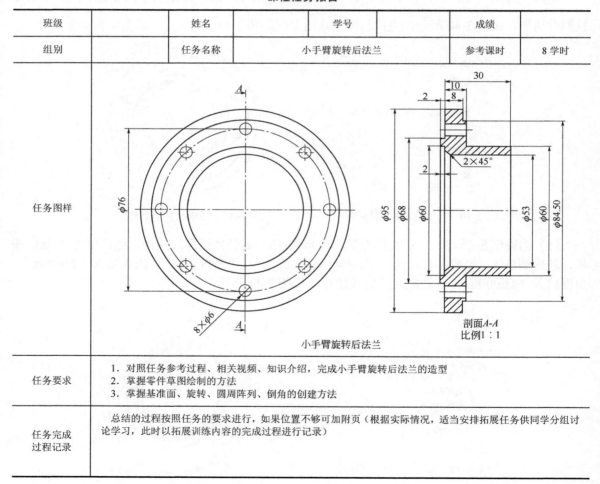<br>小手臂旋转后法兰　　　　剖面A-A<br>比例1：1 | | | | | |
| 任务要求 | 1. 对照任务参考过程、相关视频、知识介绍，完成小手臂旋转后法兰的造型<br>2. 掌握零件草图绘制的方法<br>3. 掌握基准面、旋转、圆周阵列、倒角的创建方法 | | | | | | |
| 任务完成过程记录 | 总结的过程按照任务的要求进行，如果位置不够可加附页（根据实际情况，适当安排拓展任务供同学分组讨论学习，此时以拓展训练内容的完成过程进行记录） | | | | | | |

## 【知识学习】

### 1. 旋转特征

旋转通过绕中心线旋转一个或多个轮廓来添加或移除材料。旋转特征可以生成凸台/基体、旋转切除或旋转曲面。旋转特征可以是实体、薄壁特征或曲面。

使用以下准则生成旋转特征。

◆ 实体旋转特征的草图可以包含多个相交轮廓。已选择轮廓 🔖 指针选择一个或多个交叉或非交叉草图以创建旋转。

◆ 薄壁或曲面旋转特征的草图可包含多个开环的或闭环的相交轮廓。

◆ 轮廓草图必须是 2D 草图；不支持 3D 草图。旋转轴可以是 3D 草图。

◆ 轮廓不能与中心线交叉。如果草图包含一条以上中心线，选择要用作旋转轴的中心线。仅对于旋转曲面和旋转薄壁特征而言，草图不能位于中心线上。

◆ 可以生成多个半径或直径尺寸，而不用每次都选择中心线。

◆ 在中心线内为旋转特征标注尺寸时，将生成旋转特征的半径尺寸。穿越中心线标注尺寸时，生成旋转特征的直径尺寸。

**注意**：必须重建模型才可显示半径或直径尺寸符号。

欲生成一个旋转特征，操作如下。

（1）生成一草图，包含一个或多个轮廓和中心线、直线或边线以用作特征旋转所绕的轴，如图 3-45 所示。

（2）单击以下旋转工具之一。

◆ 单击特征工具栏的"旋转凸台/基体"图标 🌀 或依次点击"插入"→"凸台/基体"→"旋转"。

◆ 单击特征工具栏的"旋转切除"图标 🔟 或依次点击"插入"→"切除"→"旋转"。

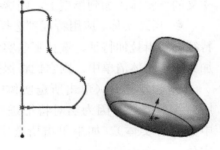

图 3-45　旋转特征

◆ 单击曲面工具栏"旋转曲面"图标 🌀 或依次点击"插入"→"曲面"→"旋转"。

（3）在 PropertyManager 中设定选项。

（4）单击"确定"按钮 ✔。

### 2. 旋转参数

旋转参数说明如下。

◆ 旋转轴 ✐。选择一特征旋转所绕的轴。根据所生成的旋转特征的类型，此轴可能为中心线、直线或一边线。

◆ 旋转类型。相对于草图基准面设定旋转特征的终止条件。如有必要，单击"反向"图标 ↻ 来反转旋转方向。选择以下选项之一。

◆ 给定深度：从草图以单一方向生成旋转。在"方向 1 角度" 🔼 中设定由旋转所包容的角度。

◆ 成形到一顶点：从草图基准面生成旋转到在"顶点" 🔳 中所指定的顶点。

◆ 成形到一面：从草图基准面生成旋转到在"面/基准面" 🔷 中所指定的曲面。

◆ 到离指定面指定的距离：从草图基准面生成旋转到"面/基准面" 🔷 中所指定曲面的指

定等距。在"等距距离" 中设定等距。必要时，选择"反向等距"以便以反方向等距移动。

◆ 两侧对称：从草图基准面以顺时针和逆时针方向生成旋转，它位于旋转"方向1角度" 的中央。

◆ 角度 定义旋转所包络的角度。默认的角度为360°。角度以顺时针从所选草图测量。

薄壁特征。选择薄壁特征并设定下面这些选项。

◆ 类型。定义厚度的方向。 选择以下选项之一。

◆ 单向。从草图以单一方向添加薄壁体积。 如有必要，单击"反向" 来反转薄壁体积添加的方向。

◆ 两侧对称。通过使用草图为中心，在草图两侧均等应用薄壁体积来添加薄壁体积。

◆ 双向。在草图两侧添加薄壁体积。"方向1厚度" 从草图向外添加薄壁体积。"方向2厚度" 从草图向内添加薄壁体积。

"方向1厚度" 为单向和两侧对称薄壁特征旋转设定薄壁体积厚度。

特征范围：将特征应用到一个或者多个实体零件。使用特征范围来选取哪些实体应包括特征。

◆ 所有实体。每次特征重新生成时，都将特征应用到模型中的所有实体。如果将被特征所交叉的新实体添加到模型上，则这些新的实体也被重新生成以将该特征包括在内。

◆ 所选实体。应用特征到选择的实体。如果添加想要特征等距的新实体，则需要使用编辑特征来编辑拉伸特征、选择那些实体，并将它们添加到所选实体的清单中。如果不将新实体添加到所选实体清单中，则它们将保持完整无损。

◆ 自动选择（单击所选实体则可用）。自动选择由特征所交叉的所有实体。自动选择比所有实体要快，因为当对特征进行更改时，它仅重新生成初始清单上的实体（而不是模型中的所有实体）。如果单击所选实体且清除自动选择，则必须从图形区域中选择要包括的实体。

◆ 受影响的实体（清除自动选取时可用）。在图形区域中选择受影响的实体。

3.2

**1. 知识考核**

（1）旋转特征可以是实体、薄壁特征或曲面。（    ）

（2）闭环的轮廓只能旋转成实体，不能旋转成薄壁零件。（    ）

（3）旋转的总角度不能超过360°。（    ）

（4）旋转轮廓草图可以是2D草图，也可以是3D草图。（    ）

（5）简述旋转特征步骤。

**2. 技能考核**

完成图3-46、图3-47所示图形的三维建模，并保存。

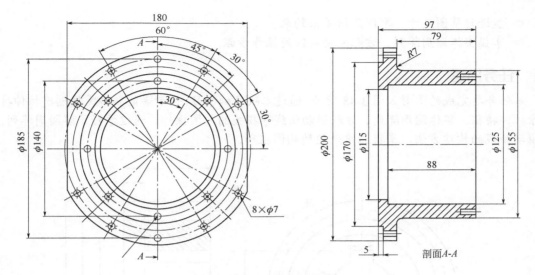

图 3-46 小手臂旋转法兰

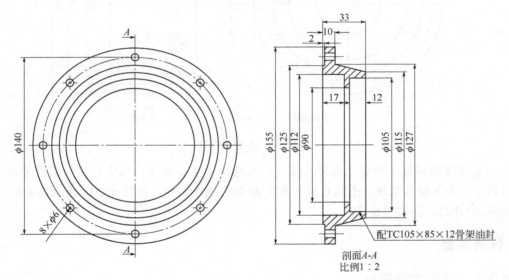

图 3-47 小手臂旋转轴承法兰

# 任务 3.3 工业机器人齿轮类零部件造型

 知识点

◎ 拉伸、切除拉伸、圆周阵列、方程驱动曲线、倒角等基本命令。

◎ 圆周阵列、方程驱动曲线特征类型各参数含义。

**技能点**

◎ 熟练使用拉伸、切除拉伸、圆周阵列、方程驱动曲线、倒角等完成造型方案设计。

◎ 能进行草图尺寸、草图几何关系约束。
◎ 掌握实体圆周阵列、方程驱动曲线的操作步骤。

 **任务描述**

本任务要完成的图形如图 3-48 所示。通过本项目的学习,使读者能熟练掌握创建拉伸特征、切除拉伸特征、实体圆周阵列、方程驱动曲线等相关的草图操作。通过学习了解圆周阵列、方程驱动曲线的构建方法,掌握三维造型的构图技巧。

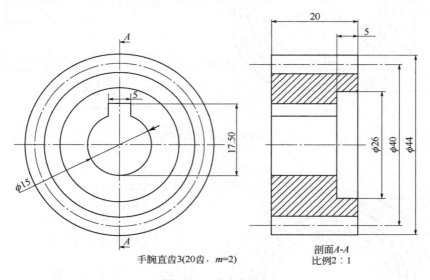

图 3-48  手腕直齿 3

手腕直齿 3 图样属于典型的齿轮类零件,其结构主要由拉伸、切除拉伸、圆周阵列、方程驱动曲线、倒角等特征组成。手腕直齿 3 齿宽 $b=20$,模数 $m=2$,齿数 $z=20$,齿顶高系数 $ha^*=1$,顶隙系数 $c^*=0.25$,压力角 $\alpha=20$。

 **任务实施**

### 3.3.1  造型方案设计

手腕直齿 3 主要由拉伸、切除拉伸、圆周阵列、方程驱动曲线、倒角等规则的基本体素组成,主要通过拉伸命令、切除拉伸命令、方程驱动曲线、阵列命令等完成造型方案设计。具体造型方案见表 3-3。

表 3-3  手腕直齿 3 造型方案设计

| 步骤 | 1. 创建拉伸凸台 | 2. 创建齿顶圆、分度圆、齿底圆、基圆草图 | 3. 创建齿轮渐开线轮廓草图 |
|---|---|---|---|
| 图示 | | | |

续表

| 步骤 | 4. 创建齿轮槽拉伸切除特征 | 5. 创建基准轴特征 | 6. 创建圆周阵列特征 |
|------|------|------|------|
| 图示 |  | 基准轴I |  |

| 步骤 | 7. 创建拉伸切除$\phi$26 圆孔特征 | 8. 创建拉伸切除$\phi$15 圆孔特征 | 9. 创建倒角 1×45° |
|------|------|------|------|
| 图示 |  |  |  |

### 3.3.2　参考操作步骤

（1）新建文件　文件名：手腕直齿。单位：mm。文件存储位置为 E:盘根目录。

（2）创建拉伸特征　以"前视"为基准面，单击 草图绘制 创建"草图 1"，在"草图 1"上作出

以原点为圆心、$\phi$44 为直径的圆，如图 3-49（a）所示。然后单击"造型"工具栏，再单击 拉伸凸台/基体

图标，打开"拉伸凸台/基体"对话框，如图 3-49（b）所示，修改拉伸距离为 20mm，完成造型，如图 3-49（c）所示。

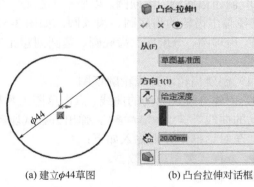

(a) 建立$\phi$44草图　　　　(b) 凸台拉伸对话框　　　　(c) 完成拉伸造型

图 3-49　创建拉伸凸台

（3）创建齿顶圆、分度圆、齿底圆、基圆草图

① 创建分度圆。用鼠标左键单击步骤（2）拉伸体上端面，然后再单击 草图绘制 图标，创建一

个新的草图，即"草图 2"，接着在"草图 2"作出一个以原点为中心、直径为$\phi$40mm 的齿轮分度圆，如图 3-50 所示。

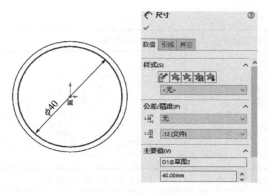

图 3-50　创建 $\phi$40 齿轮分度圆

② 创建齿轮基圆。以原点为圆心、任意尺寸为直径的圆，点击智能尺寸按钮，标注尺寸弹出尺寸修改对话框，在"距离"输入框中输入方程式：="D1@草图 2"*cos(20)，如图 3-51 所示。

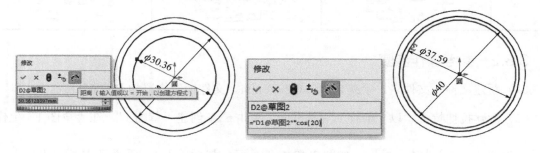

图 3-51　创建齿轮基圆

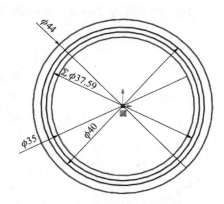

图 3-52　创建齿底圆、齿顶圆

注意："D1@草图 2"为齿轮分度圆尺寸值；"cos(20)"，为压力角 20°。

③ 创建齿底圆、齿顶圆。以原点为圆心、分别以 $\phi$35、$\phi$44 直径画出齿轮的齿底圆、齿顶圆，如图 3-52 所示。

④ 齿顶圆、分度圆、齿底圆、基圆创建完毕，关闭草图 2。

（4）创建齿轮渐开线轮廓草图

① 创建方程式驱动的曲线。点击草图工具栏的"方程式驱动的曲线" $\mathcal{K}$ 方程式驱动的曲线，弹出方程式驱动的曲线对话框，在对话框中分别输入如下：

◆ 方程式类型：参数型。

◆ 方程式

$x_t=20*\cos(pi/9)*(t*\sin(t)+\cos(t))$

$y_t=20*\cos(pi/9)*(\sin(t)-t*\cos(t))$

◆ 参数

$$t_1=0$$

$$t_2=pi$$

如图 3-53 所示，生成渐开线曲线如图 3-54 所示。

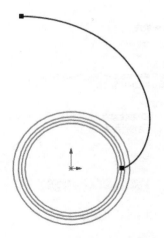

图 3-53　方程式驱动曲线对话框　　　　图 3-54　生成渐开线曲线

注意：式中 $R*\cos(20°*pi/180°)=20*\cos(pi/9)$。

② 创建中心线。点击草图工具栏"直线"命令，直线通过原点，修改直线属性为"构造线"完成中心线创建，如图 3-55 所示。

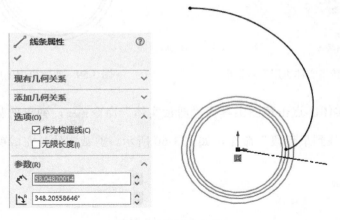

图 3-55　创建中心线

③ 创建镜像实体。点击草图工具栏"镜像实体"命令 ，弹出镜像实体对话框，在对话框中分别输入如下内容。

◆ 要镜像的实体：已建立的方程式曲线"方程式曲线 2"。

◆ 复制复选框：选中。

◆ 镜像点：已经创建的中心线"直线 1"，如图 3-56 所示。

完成镜像实体操作，如图 3-57 所示。

④ 创建实体引用。点击草图工具栏"转换实体引用"命令 ，弹出转换实体引用对话框，在对话框中分别输入如下内容。

◆ 要转换的实体：步骤（3）已经创建的分度圆、齿底圆、齿顶圆，如图 3-58 所示。

完成实体引用创建，如图 3-59 所示。

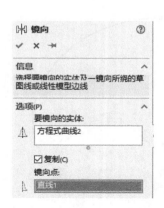

图 3-56　"镜像"对话框

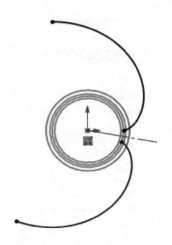

图 3-57　生成镜像渐开线

图 3-58　"转换实体引用"对话框

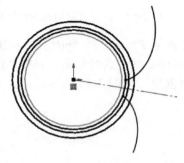

图 3-59　实体引用生成曲线

⑤ 创建剪裁实体。点击草图工具栏"剪裁实体"命令 ，弹出剪裁实体对话框，在对话框中，选中"剪裁到最近段"命令，如图 3-60 所示。剪裁实体，完成剪裁创建，如图 3-61 所示。

图 3-60　"剪裁"对话框

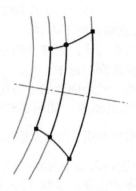

图 3-61　剪裁后曲线

⑥ 创建齿槽宽尺寸。单击草图工具栏"添加几何关系"命令 ⊥ 添加几何关系 ，弹出添加几何关系对话框，如图 3-62 所示，设置参数如下。

◆ 所选实体：选取渐开线轮廓与分度圆端点。

◆ 添加几何关系：重合。

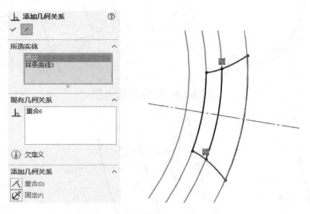

图 3-62 添加几何关系

**注意：分度圆两端点分别与两渐开线轮廓重合。**

⑦ 创建标注尺寸。单击草图工具栏"智能尺寸"命令 智能尺寸，标注分度圆弧的长度为 π，如图 3-63 所示。

**注意：分度圆上面的齿槽宽 $s=p/2=\pi m/2=\pi$，式中 $m=2$。**

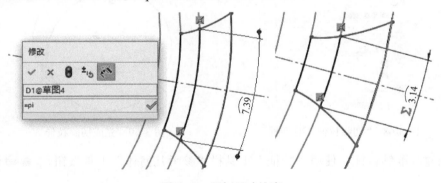

图 3-63 添加尺寸约束

⑧ 创建齿根圆弧。点击草图工具栏"转换实体引用"命令 转换实体引用，弹出转换实体引用对话框，选中已经建立的齿根圆，完成转换实体引用，如图 3-64 所示。

以渐开线为起点绘制半径为 1 的圆弧，如图 3-64 所示。添加工具—几何关系—添加，令圆弧与齿根圆相切，如图 3-65 所示。完成齿根圆弧创建，如图 3-66 所示。裁剪多余的线，完成齿轮槽轮廓创建，如图 3-67 所示。

（5）创建齿轮槽拉伸切除特征 单击"特征"工具栏，再单击 拉伸切除 "拉伸切除"命令，选择建立的草图 3 轮廓，弹出切除拉伸对话框，如图 3-68 所示，完成拉伸切除造型，如图 3-69 所示。

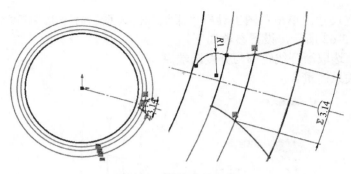

图 3-64　转换实体引用

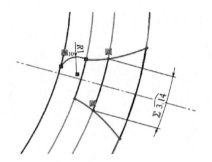

图 3-65　添加约束关系

图 3-66　完成齿根圆弧创建

图 3-67　完成齿轮槽轮廓创建

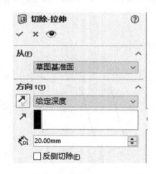

图 3-68　"切除拉伸"对话框

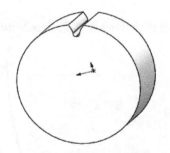

图 3-69　完成切除拉伸

（6）创建基准轴特征　使用"特征"工具栏"参考几何体"工具按钮 ╱ **基准轴**创建"基准轴1"特征。

要求：选择步骤（2）创建圆柱的外圆面，结果如图 3-70 所示。

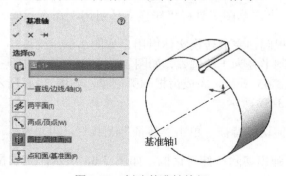

图 3-70　创建基准轴特征

（7）创建圆周阵列特征　单击特征工具栏"圆周阵列"命令 🔧 圆周阵列 ，弹出圆周阵列对话框，要求：

◆ 阵列轴：基准轴 1。

◆ 总角度：360 度。

◆ 实例数：20。

◆ 等间距复选框：选中。

◆ 要阵列的特征：步骤（5）的拉伸切除特征。

完成阵列造型，齿轮轮齿形成，如图 3-71 所示。

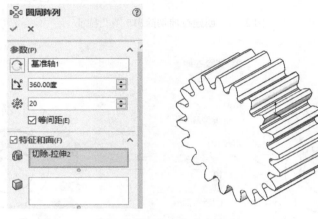

图 3-71　实体圆周阵列

（8）创建拉伸切除φ26 圆孔特征　单击"特征"工具栏，再单击 拉伸切除 "拉伸切除"命令，选择建立的草图 4 轮廓，弹出切除拉伸对话框，输入参数，完成拉伸切除造型，如图 3-72 所示。

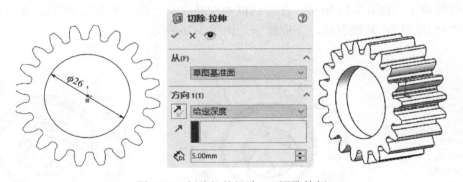

图 3-72　创建拉伸切除φ26 圆孔特征

（9）创建拉伸切除φ15 圆孔特征　单击"特征"工具栏，再单击 拉伸切除 "拉伸切除"命令，选择建立的草图 5 轮廓，弹出切除拉伸对话框，输入参数，完成拉伸切除造型，如图 3-73 所示。

（10）创建拉伸切除键槽特征　单击"特征"工具栏，再单击 拉伸切除 "拉伸切除"命令，选择建立的草图 6 轮廓，弹出切除拉伸对话框，输入参数，完成拉伸切除造型，如图 3-74 所示。

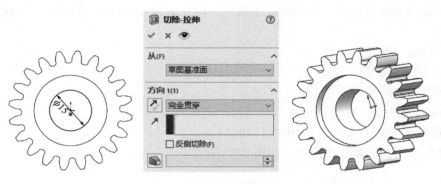

图 3-73　创建拉伸切除 $\phi15$ 圆孔特征

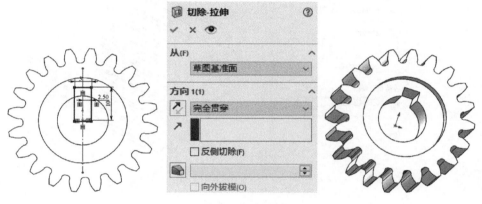

图 3-74　创建拉伸切除键槽特征

（11）创建倒角特征　创建倒角 $1\times45°$。用鼠标左键单击齿轮内孔边缘线，然后单击 倒角 图标，新建倒角 1，如图 3-75 所示，在对话框中左键选中"角度距离"，距离输入"1.00mm"，角度输入"45.00 度"，其他默认，完成操作，如图 3-76 所示。

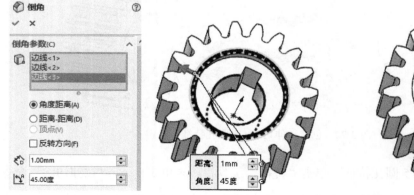

图 3-75　创建倒角特征

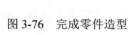

图 3-76　完成零件造型

（12）完成零件造型　保存文件，退出 SolidWorks。

## 【填写"课程任务报告"】

课程任务报告

| 班级 | | 姓名 | | 学号 | | 成绩 | |
|------|--|------|--|------|--|------|--|
| 组别 | | 任务名称 | | 手腕直齿 3 | | 参考课时 | 4 学时 |
| 任务图样 | 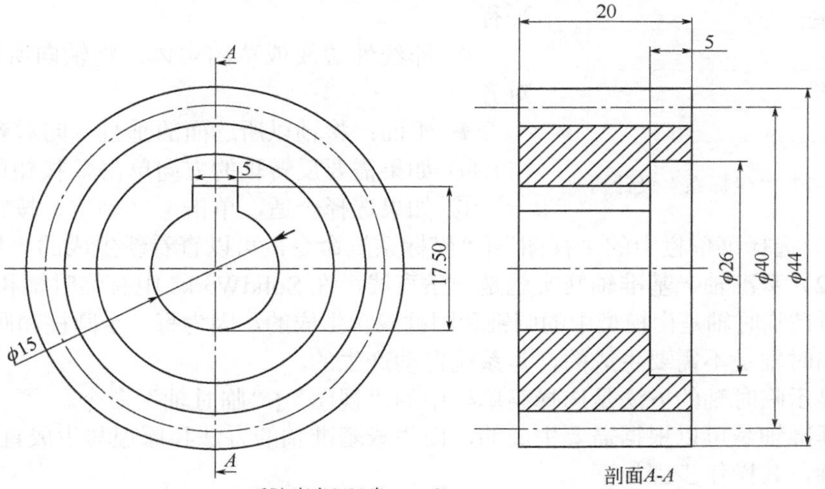 | | | | | | |
| 任务要求 | 1. 对照任务参考过程、相关视频、知识介绍，完成手腕直齿 3 的造型<br>2. 掌握齿轮零件草图绘制的方法<br>3. 掌握基准面、拉伸、倒角、圆周阵列的创建方法 | | | | | | |
| 任务完成过程记录 | 总结的过程按照任务的要求进行，如果位置不够可加附页（根据实际情况，适当安排拓展任务供同学分组讨论学习，此时以拓展训练内容的完成过程进行记录） | | | | | | |

手腕直齿3(20齿，m=2)

剖面A-A
比例2∶1

## 【知识学习】

### 1. 参考几何体

在草图绘制一项目中，涉及构造几何线的概念，构造几何线的主要作用是辅助绘制草图实体，同样特征造型中也需要辅助体，这个辅助体就是参考几何体。

参考几何体定义曲面或实体的形状或组成。灵活使用这些参考几何体，可以非常方便地进行特征设计。参考几何体包括基准面、基准轴、坐标系和点。在生成几种类型的特征中，可以使用参考几何体：

◆ 放样和扫描中使用的基准面；

◆ 拔模和倒角中使用的分割线；

◆ 圆周阵列中使用的基准轴。

（1）坐标系　坐标系是建立零件或装配体的位置基础，如果想要定义零件或装配体的坐标系，可以采用下面的步骤。

① 单击"参考几何体"工具栏上的"坐标系"按钮⚓，或选择菜单栏中的"插入"|"参考几何体"|"坐标系"命令，此时会出现如图 3-77 所示的"坐标系"PropertyManager 设计树。

图 3-77 "坐标系"设计树

② 使用"坐标系"PropertyManager 设计树来生成坐标系，在设计树中的 ∟ （原点）选项下为坐标系原点选择一顶点、点、中点，或零件上或装配体上原点的默认点。

③ X轴、Y轴、Z轴组合选项之一确定轴方向参考坐标。

◆ 顶点、点或中点：将轴向所选点对齐。

◆ 线性边线或草图直线：将轴对齐为与所选边线或直线平行。

◆ 非线性边线或草图实体：将轴向所选实体上的所选位置对齐。

◆ 平面：将轴以所选面的垂直方向对齐。

④ 如果需要反转轴的方向单击 ↗ 按钮即可。

⑤ 如果选择合适，单击 ✓ （确定）按钮来生成基准轴。

⑥ 选择菜单栏中的"视图"|"坐标系"命令，可以查看新生成的坐标系。

（2）基准轴　基准轴其实就是一条直线，在 SolidWorks 中有临时轴和基准轴两个概念。

所谓临时轴是由模型中的圆锥和圆柱隐含生成的，因为每一个圆柱和圆锥面都有一条轴线。因此临时轴是不需要生成的，是系统自动产生的。

显示临时轴的方法是选择菜单栏中的"视图"|"临时轴"命令。

基准轴是可以根据需要生成的，而生成基准轴的方法和原理与生成直线相同。如果要生成基准轴，其操作步骤如下。

① 选择菜单栏中的"插入"|"参考几何体"|"基准轴"命令，或选择"参考几何体"工具栏中的"基准轴"按钮 ╱，会出现"基准轴"PropertyManager 设计树。

② 在"基准轴"PropertyManager 设计树中，选择生成基准轴的类型。这些类型集中在"基准面"PropertyManager 设计树中，主要包括以下几种。

◆ ╱ （一条直线/边线/轴）选项：该选项表示可以通过存在的一条直线、模型的边线或临时轴生成基准轴，如图 3-78 所示的基准轴 1。

◆ ✱ （两平面）选项：该选项表示利用两个平面（可以是基准面）的交线来生成基准轴，如图 3-78 所示由基准面 1 和基准面 2 生成的基准轴 2。

◆ ╲ （两点/顶点）选项：该选项表示通过两个点（顶点、点或中点）生成基准轴，如图 3-79 所示由立方体的两个点生成的基准轴 3。

◆ ▤ （圆柱/圆锥面）选项：该选项表示通过选择圆柱或圆锥面，系统将抓取其临时轴生成基准轴，如图 3-80 所示由圆柱面生成的基准轴 1。

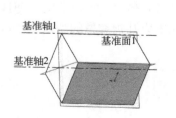

图 3-78 生成基准轴

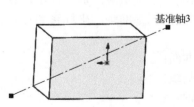

图 3-79 生成基准轴

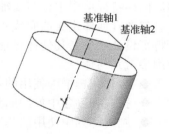

图 3-80 生成基准轴

◆ ⚓ （点和面/基准面）选项：该选项表示通过所选顶点、点或中点而垂直于所选曲面或基准面产生基准轴。如果曲面为非平面，点必须位于曲面上，如图 3-80 所示由正方体的点和圆柱的上表面生成的基准轴 2。

③ 选择对象，这时所选项目 方框中会一一列出，同时在图形编辑窗口会出现基准轴的预览。

④ 如果选择合适，单击 （确定）按钮来生成基准轴。

⑤ 选择菜单栏中的"视图"|"基准轴"命令，查看新生成的基准轴。

（3）基准面　用户可以在零件或装配体文件中生成基准面，也可以使用基准面来绘制草图、生成模型的剖面视图以及用于拔模特征中的中性面等。

如果要生成基准面，其一般操作步骤如下。

① 从菜单栏中选择"插入"|"参考几何体"|"基准面"命令，或者从如图 3-81 所示的"参考几何体"工具栏中选择"基准面"按钮 。

② 在出现如图 3-82 所示的"基准面"PropertyManager 设计树中选择其中的一个选项，这时在屏幕的左下角会出现操作提示。

图 3-81　"参考几何体"工具栏　　　　　图 3-82　"基准面"设计树

③ 按提示进行操作即可生成一个新的基准面。新的基准面出现在图形区域并列举在 FeatureManager 设计树中。

提示：所生成的基准面在特征管理器中会出现并由系统自动添加一个名称，因为系统会认为基准面是一个特征。后面将要介绍的基准轴亦是如此。

① 第一参考。

◆ 第一参考 ：选择第一参考来定义基准面。根据选择，系统会显示其他约束类型。

◆ 重合 ：生成一个穿过选定参考的基准面。

◆ 平行 ：生成一个与选定基准面平行的基准面。例如，为一个参考选择一个面，为另一个参考选择一个点。软件会生成一个与这个面平行并与这个点重合的基准面。

◆ 垂直 ：生成一个与选定参考垂直的基准面。例如，为一个参考选择一条边线或曲线，为另一个参考选择一个点或顶点。软件会生成一个与穿过这个点的曲线垂直的基准面。将原点设在曲线上会将基准面的原点放在曲线上。如果清除此选项，原点就会位于顶点或点上。

◆ 投影 ：将单个对象（比如点、顶点、原点或坐标系）投影到空间曲面上。

◆ 平行于屏幕 ：在平行于当前视图定向的选定顶点创建平面。

◆ 相切 ：生成一个与圆柱面、圆锥面、非圆柱面以及空间面相切的基准面。

◆ 两面夹角 ：生成一个基准面，它通过一条边线、轴线或草图线，并与一个圆柱面或基准面成一定角度。可以指定要生成的基准面数。

◆ 偏移距离 ：生成一个与某个基准面或面平行，并偏移指定距离的基准面。可以指定要生成的基准面数 pattern_linear_count.png。

◆ 反转法线 ✛：反转基准面的正交向量。

◆ 两侧对称 ☰：在平面、参考基准面以及 3D 草图基准面之间生成一个两侧对称的基准面。对两个参考都选择两侧对称。

② 第二参考和第三参考。

这两个部分中包含与第一参考中相同的选项，具体情况取决于选择和模型几何体。根据需要设置这两个参考来生成所需的基准面。

用户也可以在单击 ▦（基准面）按钮之前预选项目。如果预选项目，SolidWorks 将试图选择合适的基准面类型。用户在使用时总可以选择不同类型的基准面。

在图形区域中用右键单击，可以从弹出的快捷键菜单中选择一基准面类型。

**注意**：所生成的基准面比基准面生成在其上的几何体要大 5%，或比边界框要大 5%。这将帮助减少当基准面直接在面上或从正交几何体生成时的选择问题。

图 3-83 "圆周阵列"对话框

**2．圆周阵列**

圆周阵列的设置如图 3-83 所示，具体各项含义如下。

（1）参数。

① 阵列轴。在图形区域中选取一实体。阵列绕此轴生成。如有必要，单击"反向"按钮 ↻ 来改变圆周阵列的方向。

◆ 轴。

◆ 圆形边线或草图直线。

◆ 线性边线或草图直线。

◆ 圆柱面或曲面。

◆ 旋转面或曲面。

② 角度尺寸。

◆ 角度 ⭡ 指定每个实例之间的角度。

◆ 实例数 ✳ 设定源特征的实例数。

◆ "等间距"。设定将角度 ⭡ 设置为 360°。

（2）要阵列的特征 ⬛。使用所选择的特征作为源特征来生成阵列。

（3）要阵列的面 ⬛。使用构成特征的面生成阵列。在图形区域中选择特征的所有面。这对于只输入构成特征的面而不是特征本身的模型很有用。

**注意**：当使用要阵列的面时，阵列必须保持在同一面或边界内，它不能跨越边界。例如，横切整个面或不同的层（如凸起的边线）将会生成一条边界和单独的面，阻止阵列延伸。

（4）要阵列的实体/曲面实体 ⬛。使用在多实体零件中选择的实体生成阵列。

（5）可跳过的实例 ⁘。在生成阵列时跳过在图形区域中选择的阵列实例。当将鼠标移动到每个阵列实例上时，指针变为 🖑。单击以选择阵列实例，阵列实例的坐标出现。若想恢复阵列实例，再次单击实例。

（6）阵列实例继承原始特征的特征颜色，条件是：

◆ 阵列是以一个特征为基础生成的；

◆ 阵列的颜色或任何阵列实例上任何面的颜色都没有更改。

**注意**：如果阵列或镜像多实体零件，则特征颜色将不会被继承。

任务拓展

**1．知识考核**

（1）参考几何体包括_____、_____、_____和_____。

（2）已知一个平面，利用平行命令可以新建一个基准面。（　　）

（3）阵列实例不能继承原始特征的特征颜色。（　　）

（4）当使用要阵列的面时，阵列必须保持在同一面或边界内，不能跨越边界。（　　）

（5）简述新建基准轴操作步骤。

**2．技能考核**

完成图 3-84～图 3-86 所示图形的三维建模，并保存。

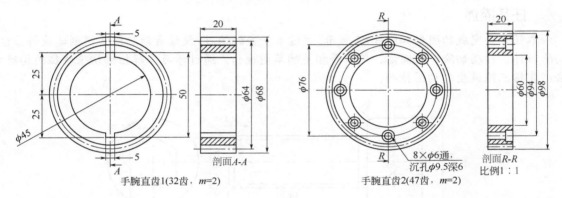

图 3-84　手腕直齿 1　　　　　　　　　　　图 3-85　手腕直齿 2

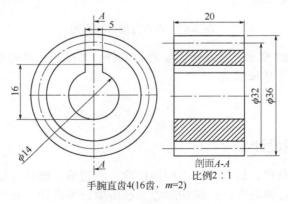

图 3-86　手腕直齿 4

# 任务 3.4　工业机器人标准零部件造型

## 知识点

◎ 旋转凸台、切除拉伸、扫描切除、倒圆角、倒角等基本命令。
◎ 扫描切除、倒圆角特征类型各参数含义。

## 技能点

◎ 熟练使用旋转凸台、切除拉伸、扫描切除、倒圆角、倒角等完成造型方案设计。
◎ 能进行草图建立、草图几何关系约束。
◎ 掌握扫描切除命令的操作步骤。

## 任务描述

本任务要完成的图形如图 3-87 所示。通过本任务的学习,使读者能熟练掌握创建旋转凸台、切除拉伸、扫描切除、倒圆角、倒角等相关的草图操作。通过学习了解扫描切除特征的构建方法,掌握三维造型的构图技巧。

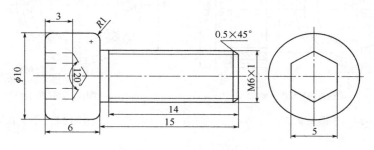

图 3-87　内六方螺钉工程图

内六方螺钉如图 3-87 所示。它属于典型的标准件,其结构主要由旋转凸台、切除拉伸、扫描切除、倒圆角、倒角等特征组成。

## 任务实施

### 3.4.1　造型方案设计

内六方螺钉由旋转凸台、切除拉伸、扫描切除、倒圆角、倒角等规则的基本体素组成,主要通过拉伸命令、切除拉伸命令、扫描切除等完成造型方案设计。具体造型方案见表 3-4。

### 3.4.2　参考操作步骤

(1)新建文件　文件名:内六方螺钉。单位:mm。文件存储位置为 E:盘根目录。

(2)创建旋转凸台特征　以"前视"为基准面,单击 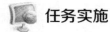 创建"草图 1",在"草图 1"上作出旋转草图轮廓,如图 3-88 所示。

表 3-4　内六方螺钉造型方案设计

| 步骤 | 1. 创建旋转凸台 | 2. 创建切除-拉伸 | 3. 创建螺旋线/涡状线 1 | 4. 创建切除-扫描 4 |
|---|---|---|---|---|
| 图示 | 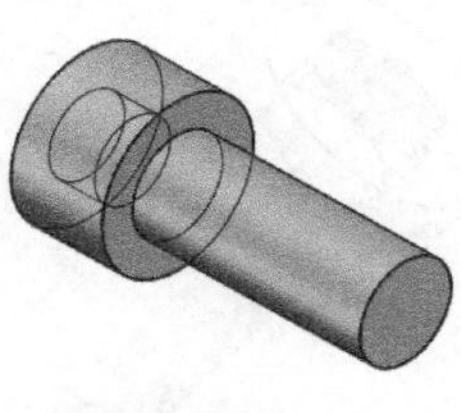 | 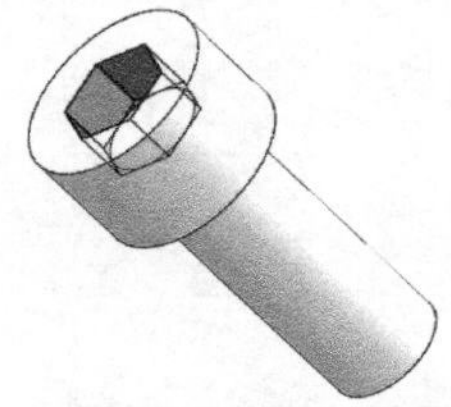 | 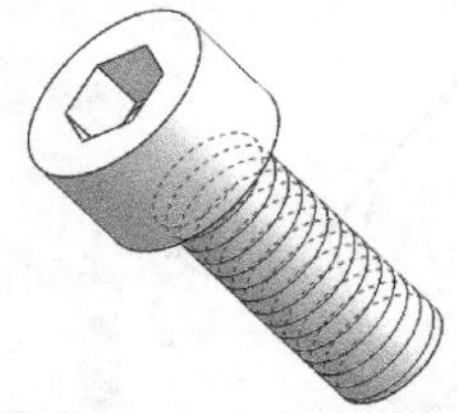 | 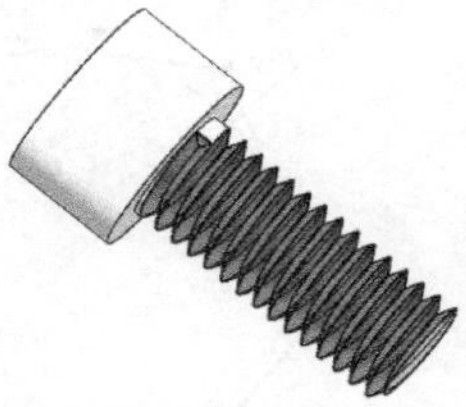 |

| 步骤 | 5. 创建切除-旋转 1 | 6. 创建圆角 1 | 7. 创建切除-拉伸 3 | 8. 完成造型设计 |
|---|---|---|---|---|
| 图示 |  | 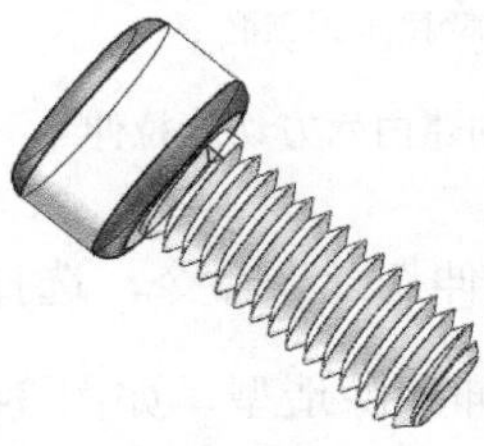 | 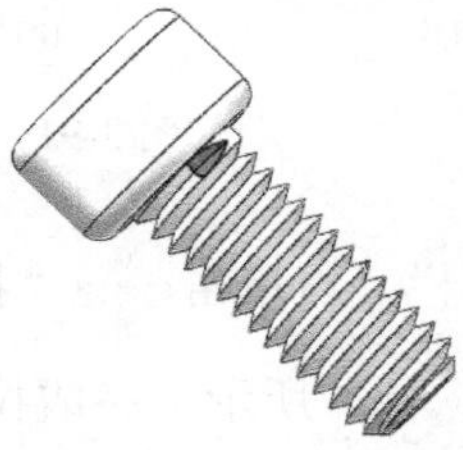 |  |

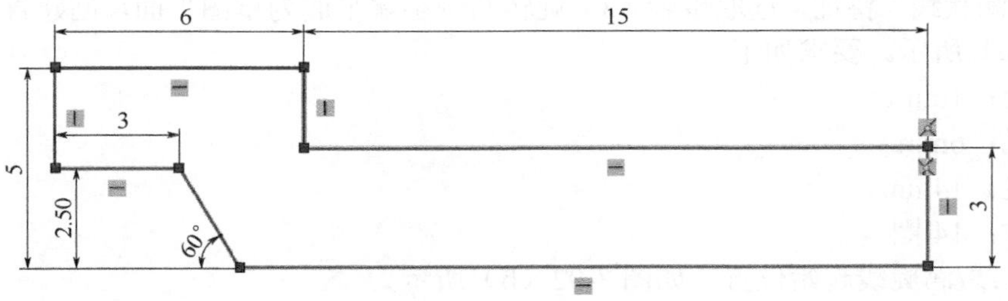

图 3-88　创建旋转草图轮廓

（3）创建旋转凸台　单击"特征"工具栏，再单击 旋转凸台/基体 图标，打开"旋转凸台/基体"对话框，旋转轴选取水平中心线，旋转角度 360°，如图 3-89 所示，完成造型，如图 3-90 所示。

图 3-89　"旋转"对话框

图 3-90　完成旋转凸台

（4）创建内六方槽拉伸切除特征　选取步骤（3）旋转凸台大端平面为草图平面，单击 草图绘制 创建"草图 2"，在"草图 2"上作出一内切圆直径为 $\phi5$ 的六边形，完成草图创建，如图 3-91（a）所示。

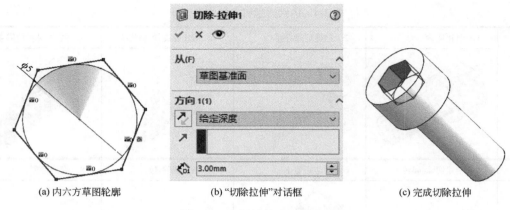

(a) 内六方草图轮廓　　　　　(b) "切除拉伸"对话框　　　　　(c) 完成切除拉伸

图 3-91　创建内六方切除拉伸

单击"特征"工具栏，再单击 "拉伸切除"命令，选择建立的草图 2 轮廓，弹出切除
拉伸对话框，如图 3-91（b）所示，完成拉伸切除造型，如图 3-91（c）所示

（5）创建螺旋线/涡状线特征　使用"插入"菜单，"曲线"工具按钮 螺旋线/涡状线(H)... 创
建"螺旋线/涡状线"特征，选取步骤（3）旋转凸台小端平面为草图平面，创建直径为 $\phi6$ 的圆，
如图 3-92（a）所示。要求如下。

◆ 螺距：1mm。
◆ 直径：6mm。
◆ 高度：14mm。
◆ 圈数：14 圈。
◆ 螺旋线/涡旋线起始位置：如图 3-92（b）所示。

完成螺旋线创建，如图 3-92（c）所示。

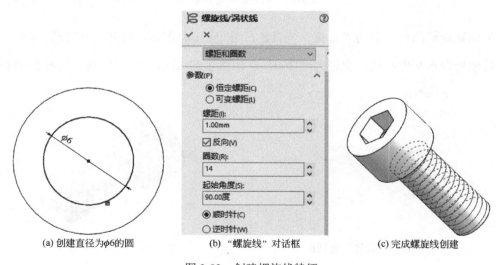

(a) 创建直径为 $\phi6$ 的圆　　　　(b) "螺旋线"对话框　　　　(c) 完成螺旋线创建

图 3-92　创建螺旋线特征

（6）创建切除-扫描特征　以"上视"为基准面，单击 创建"草图 7"，在"草图 7"上
作出一个以 $\phi6$ 圆柱母线为边界、边长为 1mm 的等边三角形，如图 3-93（a）所示。

(a) 创建螺纹截面　　　　(b) "切除-扫描"对话框　　　　(c) 完成切除扫描

图 3-93　创建螺纹切除扫描

鼠标左键单击"特征"工具栏"切除-扫描 4"命令，弹出 扫描切除 对话框，如图 3-93（b）所示，要求如下。

◆ 轮廓：草图 7。

◆ 路径：已建立的螺旋线/涡状线 1。

特征建立结果如图 3-93（c）所示。

（7）创建旋转切除特征　选取前视基准面为草图平面，单击 草图绘制 创建"草图 8"，在"草图 8"上作出草图轮廓，如图 3-94（a）所示。

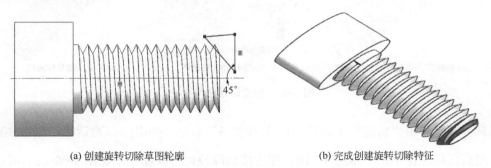

(a) 创建旋转切除草图轮廓　　　　　　　(b) 完成创建旋转切除特征

图 3-94　创建旋转切除特征

单击"特征"工具栏，再单击 旋转切除 "旋转切除"命令，选择建立的草图 8 轮廓，弹出旋转切除对话框，完成旋转切除造型，如图 3-94（b）所示。

（8）创建圆角特征　单击"特征"工具栏，再单击 圆角 "圆角"命令，弹出圆角对话框，如图 3-95（a）所示，单击大端圆柱两段外圆线，圆角半径 1mm，完成圆角造型，如图 3-95（b）所示。

（9）创建拉伸切除特征　用鼠标左键切除扫描终止截面，然后再单击 草图绘制 图标，创建一个新的草图，即"草图 9"，接着在"草图 9"中使用 转换实体引用 命令，选中截面轮廓，建立等边三角形，完成草图绘制，如图 3-96（a）所示。

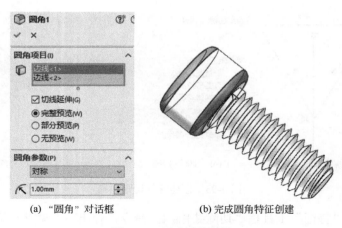

(a) "圆角" 对话框  (b) 完成圆角特征创建

图 3-95 创建圆角特征

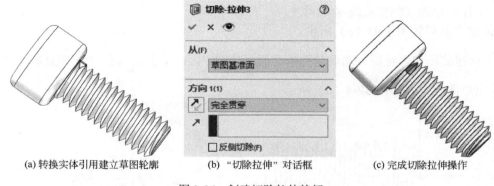

(a) 转换实体引用建立草图轮廓  (b) "切除-拉伸" 对话框  (c) 完成切除拉伸操作

图 3-96 创建切除拉伸特征

用鼠标左键单击"特征"工具栏"切除-拉伸 3"命令，弹出 拉伸切 对话框，如图 3-96（b）所示，然后鼠标左键单击"草图 9"图，即完成切除拉伸特征操作，如图 3-96（c）所示。

（10）完成零件造型　如图 3-97 所示，保存文件，退出 SolidWorks。

图 3-97 完成内六方螺钉特征造型

## 【填写"课程任务报告"】

### 课程任务报告

| 班级 | | 姓名 | | 学号 | | 成绩 | |
|---|---|---|---|---|---|---|---|
| 组别 | | 任务名称 | 内六方螺钉 | | | 参考课时 | 8 学时 |
| 任务图样 | 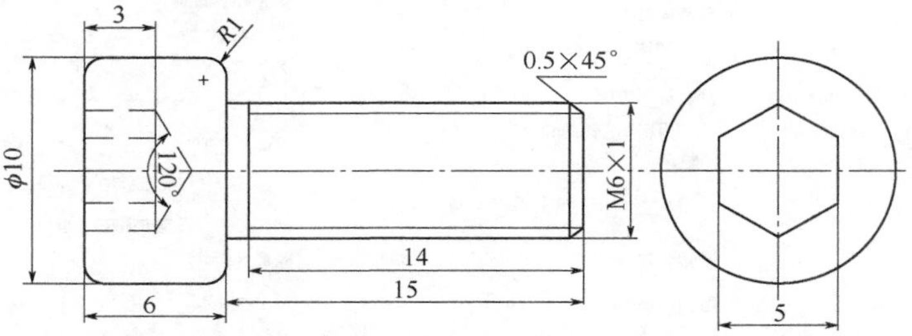 | | | | | | |
| 任务要求 | 1. 对照任务参考过程、相关视频、知识介绍，完成内六方螺钉的造型<br>2. 掌握零件草图绘制的方法<br>3. 掌握旋转凸台、切除拉伸、扫描切除、倒圆角、倒角的创建方法 | | | | | | |
| 任务完成<br>过程记录 | 总结的过程按照任务的要求进行，如果位置不够可加附页（根据实际情况，适当安排拓展任务供同学分组讨论学习，此时以拓展训练内容的完成过程进行记录） | | | | | | |

（任务图样中标注：3、R1、0.5×45°、φ10、120°、M6×1、14、15、6、5）

## 【知识学习】

### 1. 圆角特征

圆角特征在零件设计中起着重要作用，在零件上加入圆角特征，有助于在造型上产生平滑变化的效果。

SolidWorks 可以为一个面上的所有边线、多外面、多个边线或边线环生成圆角特征。SolidWorks 有以下几种圆角特征。

◆ 等半径圆角：对所选边线以相同的圆角半径进行倒圆角操作。

◆ 多半径圆角：可以为每条边线选择不同的圆角半径值进行倒圆角操作。

◆ 圆形角圆角：通过控制角部边线之间的过渡，消除两条边线汇合处的尖锐接合点。

◆ 逆转圆角：可以在混合曲面之间沿着零件边线进入圆角，生成平滑过渡。

◆ 变半径圆角：可以为边线的每个顶点指定不同的圆角半径。

◆ 混合面圆角：通过它可以将不相邻的面混合起来。

圆角特征都是在如图 3-98 所示的"圆角"PropertyManager 设计树中设定的。

在"圆角类型"面板中选择一圆角类型，然后设定其他 PropertyManager 设计树选项，选择的圆角类型不同，其后的面板亦将作相应的变化，这些圆角类型如下。

◆ 等半径：选择该选项可以生成整个圆角的长度都有等半径的圆角。

◆ 变半径：选择该选项可以生成带变半径值的圆角。

◆ 面圆角：选择该选项可以混合非相邻、非连续的面。

◆ 完整圆角：选择该选项可以生成相切于三个相邻面组（一个或多个面相切）的圆角。

（1）等半径圆角　等半径圆角特征是指对所选边线以相同的圆角半径进行倒圆角的操作，要生成等半径圆角特征，可按下面的操作步骤进行。

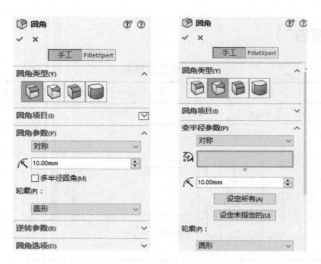

图 3-98 "圆角"设计树

① 单击"特征"工具上的 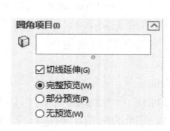（圆角）按钮，或选择菜单栏中的"插入"|"特征"|"圆角"命令。

② 在出现的"圆角"PropertyManager 设计树中选择"圆角类型"为"等半径"，此时的"圆角项目"面板如图 3-99 所示。

◆ ⟋（半径）选项：利用该选项可以设定圆角半径。

◆ ▱（边线、面、特征和环）选项：在图形区域中选择要圆角处理的实体。

◆ "多半径圆角"复选框：以边线不同的半径值生成圆角。使用不同半径的三条边线可以生成边角。但不能为具有共同边线的面或环指定多个半径。

◆ "切线延伸"复选框：将圆角延伸到所有与所选面相切的面。

③ 在"圆角项目"的 ⟋ 微调框中设置圆角的半径。

④ 单击"圆角项目"面板中 ▱ 图标右边的显示框，并在右面的图形区域中选择要进行圆角处理的模型边线、面或环。

⑤ 如果在"圆角项目"面板中选择了"切线延伸"则圆角将延伸到与所选面或边线相切的所有面。

⑥ 在"圆角项目"面板中选择预览方式，主要包括以下几种。

◆ "完整预览"复选框：用来显示所有边线的圆角预览。

◆ "部分预览"复选框：只显示一条边线的圆角预览。按 A 键来依次观看每个圆角预览。

◆ "无预览"复选框：可提高复杂模型的重建时间。

⑦ 在如图 3-100 所示的"圆角选项"面板中选择"保持特征"复选框。

图 3-99 "圆角项目"面板

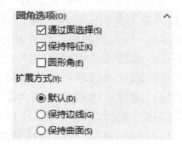

图 3-100 "圆角选项"面板

◆ "保持特征"复选框：如果应用一个大到可覆盖特征的圆角半径，则保持切除或凸台特征可见。消除选择保持特征以圆角包罗切除或凸台特征。

图 3-101（a）、（b）所示为保持特征应用到圆角生成正面凸台和右切除特征的模型，保持特征应用到所有圆角的模型如图 3-101（c）所示。

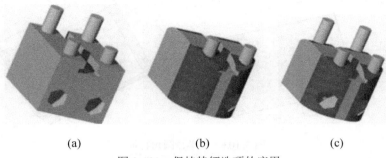

(a)　　　　　　　　(b)　　　　　　　　(c)

图 3-101　保持特征选项的应用

⑧ 在"圆角选项"面板中"扩展方式"选项按钮组中选择一种扩展方式。"扩展方式"用来控制在单一闭合边线（如圆、样条曲线、椭圆）上圆角在与边线汇合时的行为。主要包括以下选项。

◆ 默认：系统根据集合条件选择保持边线或保持曲面选项。

◆ 保持边线：模型边线保持不变，而圆角调整，在许多情况下，圆角的顶总边线中会有沉陷。

◆ 保持曲面：圆角边线调整为连续和平滑，而模型边线更改以与圆角边线匹配。

⑨ 单击 ✔（确定）按钮，生成等半径圆角特征，如图 3-102 所示。

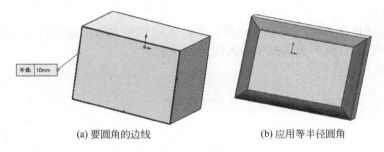

(a) 要圆角的边线　　　　　　　　(b) 应用等半径圆角

图 3-102　等半径圆角

**注意：** 在生成圆角特征时，所给定的圆角半径值应适当，如果圆角半径值太大，所生成的圆角将剪裁模型其他曲面及边线。

（2）多半径圆角　使用多半径圆角特征可以为每条所选边线指定不同的半径值，还可以为具有公共边线的面指定多个半径。

要生成多半径圆角特征，可按下面的操作步骤进行。

① 单击"特征"工具栏上的 🔲（圆角）按钮，或选择菜单栏中的"插入"|"特征"|"圆角"命令，此时会出现"圆角"PropertyManager 设计树。

② 在出现的"圆角项目"面板下，选择"多半径圆角"复选框。

③ 单击 🔲 图标右边的显示框，然后在右面的图形区域中选择要进行圆角处理的第一条模型边线、面或环。

④ 在图形区域中选择要进行圆角处理的模型及其他具有相同圆角半径的边线、面或环。

⑤ 在"圆角项目"面板的 ⼊ 微框中设置圆角的半径。

⑥ 重复步骤④、⑤，对多条模型边线、面或环可指定不同的圆角半径，直到设置完所有要进行圆角处理的边线为止。

⑦ 单击 ✔ （确定）按钮，生成多半径圆角特征，如图 3-103 所示。

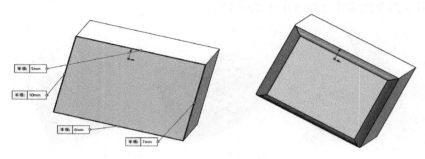

图 3-103　多半径圆角特征

（3）变半径圆角　变半径圆角特征通过对进行圆角处理的边线上的多个点（变半径控制点）指定不同的圆角半径来生成圆角，因而可以制造出另类的效果。

如果要生成变半径圆角特征，可按下面的步骤进行操作。

① 单击"特征"工具栏上的 📦 （圆角）按钮，或选择菜单栏中的"插入"|"特征"|"圆角"命令，此时会出现"圆角"PropertyManager 设计树。

② 在设计树中选择"圆角类型"为"变半径"，此时的"圆角项目"面板如图 3-104 所示。

③ 单击 📦 图标右侧的显示框，然后在右面的图形区域中选择要进行变半径圆角处理的边线。此时在右面的图形区域中系统会默认使用 3 个变半径控制点，分别位于边线的 25%、50% 和 75%的等距离处。

④ 在如图 3-105 所示的"变半径参数"面板下 📐 图标右边的显示框中选择变半径控制点，然后在下面的半径 📐 右侧的微调框中输入圆角半径值。

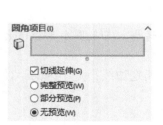

图 3-104　"圆角项目"面板　　　　图 3-105　"变半径参数"面板

⑤ 如果要更改变半径控制点的位置，可以通过鼠标拖动控制点到新的位置。

⑥ 如果要改变控制点的数量，可以在 🚋 图标右侧的微调框中设置控制点的数量。

⑦ 在下面的过渡类型中选择过渡类型。

◆ "平滑过渡"选项：生成一个圆角，当一个圆角边线与一个邻面结合时，圆角半径从一个半径平滑地变化为另一个半径。

◆"直线过渡"选项：生成一个圆角，圆角半径从一个半径线性地变化成另一个半径，但是不与邻近圆角的边线相结合。

⑧ 单击 ✔（确定）按钮，生成变半径圆角特征，如图 3-106 所示。

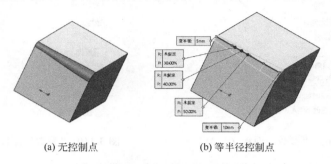

(a) 无控制点　　　　　　　　　(b) 等半径控制点

图 3-106　变半径圆角特征

### 2．螺旋线和涡状线

螺旋线和涡状线通常用于绘制螺纹、弹簧、蚊香片以及发条等零部件中，在生成这些部件时，可以应用由螺旋线/涡状线工具生成的螺旋或涡状曲线作为路径或引导线。

用于生成空间的螺旋线或者涡状线的草图必须只包含一个圆，该圆的直径将控制螺旋线的直径和涡状线的起始位置。

要生成一条螺旋线，可以采用下面的操作。

（1）单击"草图"工具栏中的二维草图绘制按钮 草图绘制，打开一个草图并绘制一个圆，此圆的直径控制螺旋线的直径。

（2）单击"曲线"工具栏上的 螺旋线/涡状线(H)...（螺旋线）按钮，或选择菜单栏中的"插入" | "曲线" | "螺旋线/涡状线"命令，此时会出现 "螺旋线/涡状线"PropertyManager 设计树，如图 3-107 所示。

（3）在 PropertyManager 设计树中的"定义方式"下拉列表框中选择一种螺旋线的定义方式。

◆"螺距和圈数"：指定螺距和圈数，其参数选项面板如图 3-108 所示。

图 3-107　"螺旋线/涡状线"设计树　　　　图 3-108　"参数"面板（一）

◆"高度圈数"：指定螺旋线的总高度和圈数，其参数选项面板如图 3-109 所示。

◆"高度和螺距"：指定螺旋线的总高度和螺距，其参数选项面板如图 3-110 所示。

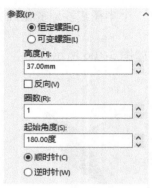

图 3-109 "参数"面板（二）      图 3-110 "参数"面板（三）

（4）根据步骤（3）中指定的螺旋线定义方式指定螺旋线的参数。

（5）如果要制作锥形螺旋线，则选择"锥形螺旋线"复选框并指定锥形角度以及锥度方向（向外扩张或向内扩张）。

（6）在"起始角度"微调框中指定第一圈的螺旋线的起始角度。

（7）如果选择"反向"复选框，则螺旋线将原来的点向另一个方向延伸。

（8）单击"顺时针"或"逆时针"单选按钮，以决定螺旋线的旋转方向。

（9）单击 ✔ （确定）按钮，即可生成螺旋线，如图 3-111 所示。

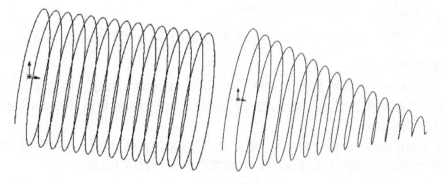

图 3-111 生成螺旋线

如果要生成一条涡状线，可以采用下面的操作。

（1）单击草图绘制按钮 草图绘制，打开一个草图绘制一个圆，此圆的直径作为起点处涡状线的直径。

（2）单击"曲线"工具栏上的（螺旋线）按钮 ▷ 螺旋线/涡状线(H)...，或选择菜单栏中的"插入"|"曲线"|"螺旋线/涡状线"命令，此时会出现如图 3-112 所示的"螺旋线/涡状线" PropertyManager 设计树。

（3）在 PropertyManager 设计树的"定义方式"下拉列表框中选择"涡状线"。

（4）在对应的"螺距"微调框和"圈数"微调框中指定螺距和圈数。

（5）如果选择"反向"复选框，则生成一个内张的涡状线。

（6）在"起始角度"微调框中指定涡状线的起始位置。

（7）单击"顺时针"或"逆时针"单选按钮，可以决定涡状线的旋转方向。

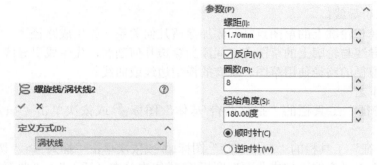

图 3-112  "螺旋线/涡状线"设计树

（8）单击 ✓ （确定）按钮，即可生成涡状线，如图 3-113 所示。

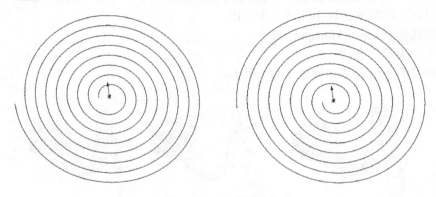

图 3-113  生成涡状线

### 3．扫描

（1）扫描通过沿着一条路径移动轮廓或通过指定路径和直径来生成基体、凸台、切除或曲面。

（2）有三种轮廓。

◆ 草图轮廓通过沿 2D 或 3D 草图路径移动 2D 轮廓来创建扫描。

◆ 圆形轮廓直接在模型上沿草图线、边线或曲线创建实体杆或空心管筒，而无需绘制草图。

◆ 实体轮廓通过使用工具实体和路径创建切除扫描，例如创建绕圆柱实体的切除。

如果使用草图轮廓，必须遵循以下规则。

◆ 对于基体或凸台扫描特征轮廓必须是闭环的；对于曲面扫描特征则轮廓可以是闭环的也可以是开环的。

◆ 路径可以为开环或闭环。

◆ 路径可以是一张草图、一条曲线或一组模型边线中包含的一组草图曲线。

◆ 路径必须与轮廓的平面交叉。

◆ 不论是截面、路径或所形成的实体，都不能出现自相交叉的情况。

◆ 引导线必须与轮廓或轮廓草图中的点重合。

对于圆形轮廓，仅需选择现有路径并指定直径，而无需绘制轮廓。

仅对于切除扫描，可通过沿路径移动工具实体来生成实体扫描。路径必须与其本身相切并在工具实体轮廓之上或之内的点开始。

（3）欲生成扫描，操作如下。

◆ 在一基准面或面上绘制一个闭环的非相交轮廓。

◆  如果使用引导线：

如果想在路径与轮廓上的草图点之间添加穿透几何关系，先生成路径。

如果想在引导线与轮廓上的草图点之间添加穿透几何创新，先生成引导线。

生成轮廓将遵循的路径使用草图、现有的模型边线或曲线。

（4）单击以下之一。

◆  单击"特征"工具栏的"扫描凸台/基体"图标 或依次单击"插入"＞"凸台/基体"＞"扫描"。

◆  单击"特征"工具栏的"扫描切除"图标 或依次单击"插入"＞"切除"＞"扫描"。

单击"特征"工具栏的"扫描曲面"图标 或依次单击"插入"＞"曲面"＞"扫描"。

（5）在 PropertyManager 中：

◆  为轮廓 在图形区域中选择一个草图。

◆  为路径 在图形区域中选择一个草图。

（6）设定其他 PropertyManager 选项。

（7）单击"确定"按钮。

轮廓和路径的不同表现，如图 3-114 所示。

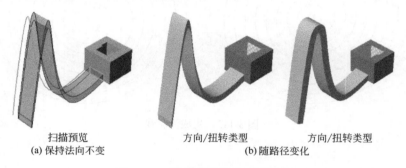

扫描预览
(a) 保持法向不变

方向/扭转类型          方向/扭转类型
(b) 随路径变化

图 3-114　轮廓和路径的不同表现

**提示：** 更多内容请参见软件自带的帮助文件。

**1．知识考核**

3.4

（1）等半径圆角是指对所选边线以相同的圆角半径进行倒圆角操作。（　　）

（2）应用圆角命令时，不能选择平面或者体特征。（　　）

（3）扫描用的轮廓一定是 2D 草图。（　　）

（4）扫描路径可以为开环或闭环。（　　）

（5）路径必须与轮廓的平面交叉。　（　　）

（6）简述螺旋线/涡状线的区别。

**2．技能考核**

完成图 3-115～图 3-117 所示图形的三维建模，并保存。

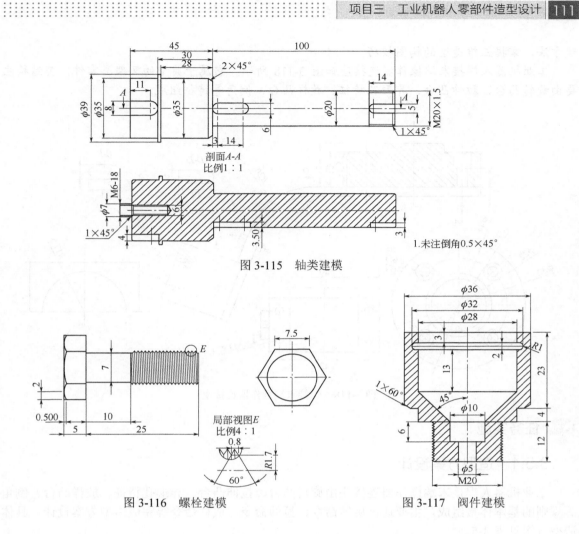

图 3-115　轴类建模

图 3-116　螺栓建模

图 3-117　阀件建模

# 任务 3.5　工业机器人叉架零部件造型

 **知识点**

◎ 旋转凸台、拉伸凸台、异形孔特征、放样凸台、倒角等基本命令。
◎ 异形孔特征、放样凸台特征类型各参数含义。

**技能点**

◎ 熟练使用旋转凸台、拉伸凸台、异形孔特征、放样凸台、倒角等完成造型方案设计。
◎ 能进行草图绘制、草图几何关系约束。
◎ 掌握异形孔特征、放样凸台的操作步骤。

**任务描述**

　　本任务要完成的图形如图 3-116 所示。通过本任务的学习，使读者能熟练掌握创建旋转凸台、拉伸凸台、异形孔特征、放样凸台、倒角等相关的草图操作。通过学习了解放样凸台的构建方法，掌握三维造型的构图技巧。

工业机器人焊接末端操作器连接座如图 3-118 所示。它属于典型的叉架类零件，其结构主要由旋转凸台、拉伸凸台、异形孔特征、放样凸台、倒角等特征组成。

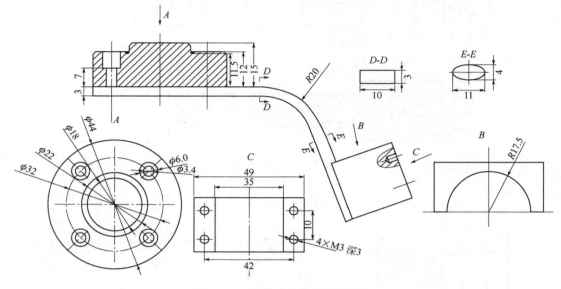

图 3-118　焊接末端操作器连接座

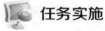**任务实施**

### 3.5.1　造型方案设计

工业机器人焊接末端操作器连接座由旋转凸台、拉伸凸台、异形孔特征、放样凸台、倒角等规则的基本体素组成，主要通过旋转命令、拉伸命令、放样命令等完成造型方案设计。具体造型方案见表 3-5。

表 3-5　焊接末端操作器连接座造型设计

| 步骤 | 1．创建旋转凸台 | 2．创建倒角 | 3．创建异形孔（内六角圆柱头螺钉） |
|---|---|---|---|
| 图示 | | | |

| 步骤 | 4．创建基准轴 | 5．创建圆周阵列 | 6．创建放样中心线草图 |
|---|---|---|---|
| 图示 | | | |

续表

| 步骤 | 7. 创建 3 个基准面 | 8. 创建 3 个草图轮廓 | 9. 放样凸台 |
|------|------|------|------|
| 图示 | 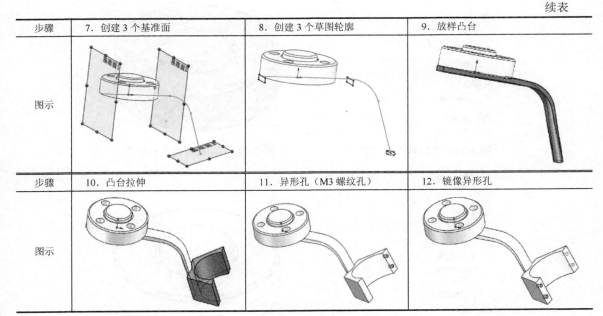 | | |

| 步骤 | 10. 凸台拉伸 | 11. 异形孔（M3 螺纹孔） | 12. 镜像异形孔 |
|------|------|------|------|
| 图示 | | | |

### 3.5.2　参考操作步骤

（1）新建文件　文件名：连接座。单位：mm。文件存储位置为 E:盘根目录。

（2）创建旋转凸台特征　以"前视"为基准面，单击 草图绘制 创建"草图 1"，在"草图 1"上作出旋转草图轮廓，如图 3-119 所示。

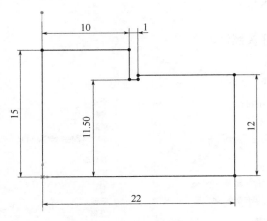

图 3-119　旋转凸台草图轮廓

（3）创建旋转凸台　单击"特征"工具栏，再单击 旋转凸台/基体 图标，打开"旋转凸台/基体"对话框，旋转轴选取水平中心线，旋转角度 360°，如图 3-120 所示，完成造型，如图 3-121 所示。

（4）创建倒角特征　创建倒角 1×45°。用鼠标左键单击圆台边缘线，然后单击 倒角 图标，新建倒角 1，如图 3-122 所示，在对话框中左键选中"角度距离"，距离输入"1.00mm"，角度输入"45.00 度"，其他默认，完成操作，如图 3-123 所示。

图 3-120 "旋转"对话框

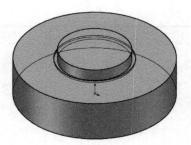

图 3-121 完成旋转凸台造型

图 3-122 "倒角"对话框

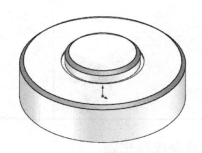

图 3-123 完成倒角操作

（5）异形孔（内六角圆柱头螺钉）特征　单击"特征"工具栏异形孔向导命令 异型孔 向导，打开"异形孔向导"对话框，如图 3-124 所示，要求如下。

◆ 孔类型：柱形沉头孔。
◆ 标准：GB。
◆ 类型：内六角圆柱头螺钉。
◆ 孔规格：M3。
◆ 终止条件：给定深度，3。

图 3-124 "异形孔向导"对话框

类型设定完毕，点击位置对话框，选取孔位置平面，设置尺寸如下，异形孔中心距离原点16，两中心连线与水平中心线夹角为 45°，完成异形孔创建，如图 3-125 所示。

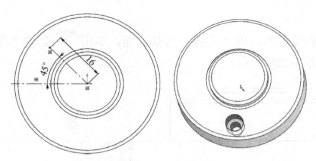

图 3-125　完成异形孔创建

（6）创建基准轴特征　使用"特征"工具栏"参考几何体"工具按钮 ✐ 基准轴 创建"基准轴 1"特征。

要求：选择步骤（2）创建圆柱的外圆面，结果如图 3-126 所示。

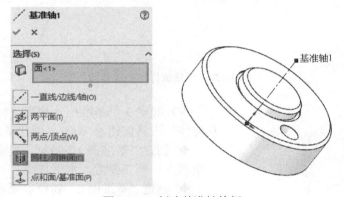

图 3-126　创建基准轴特征

（7）创建圆周阵列特征　单击特征工具栏"圆周阵列"命令 🐾 圆周阵列 ，弹出圆周阵列对话框，要求如下。

◆　阵列轴：基准轴 1。

◆　总角度：360 度。

◆　实例数：4。

◆　等间距复选框：选中。

◆　要阵列的特征：步骤（5）的异形孔特征。

完成阵列造型，如图 3-127 所示。

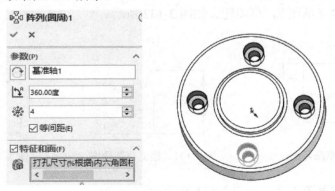

图 3-127　圆周阵列特征

（8）创建放样中心线草图  以"前视"为基准面，单击 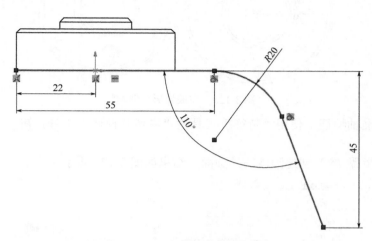 创建"草图4"，在"草图4"中作出草图轮廓，如图3-128所示。

图3-128  创建放样中心线草图

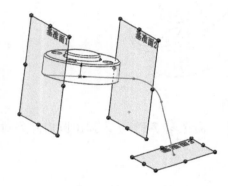

图3-129  完成3个基准面创建

（9）创建3个基准面  使用"特征"工具栏"参考几何体"工具按钮 基准面，创建基准面。

◆ 创建"基准面1"特征。要求：第一参考，水平直线端点；第二参考，水平直线。

◆ 创建"基准面2"特征。要求：第一参考，距离水平直线端点55mm处交点；第二参考，水平直线。

◆ 创建"基准面3"特征。要求：第一参考，倾斜直线端点；第二参考，倾斜直线。完成三个基准面创建，如图3-129所示。

（10）创建3个草图轮廓  在基准面1中建立草图5，草图轮廓如图3-130所示。

在基准面2内建立草图6，在草图6中利用"转换实体引用"命令 转换实体引用，鼠标分别点击草图5的轮廓线，完成草图轮廓创建，如图3-131所示。

在基准面3中建立草图7，草图轮廓如图3-132所示。

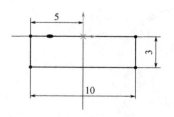

图3-130  建立草图轮廓

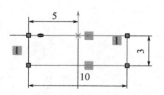

图3-131  建立草图轮廓

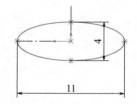

图3-132  建立草图轮廓

完成三个基准面草图创建，如图3-133所示。

（11）创建放样凸台　单击特征工具栏"放样凸台"命令 ⬛ 放样凸台/基体，弹出放样凸台对话框，如图 3-134 所示，要求如下。

◆ 轮廓：草图 5，草图 6，草图 7。
◆ 开始约束：垂直于轮廓。
◆ 结束约束：垂直于轮廓。
◆ 中心线参数：草图 4。

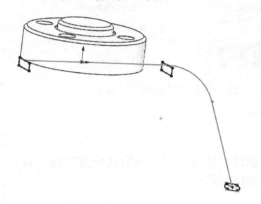

图 3-133　完成三个基准面草图创建　　　　　　图 3-134　"放样凸台"对话框

完成放样特征创建，如图 3-135 所示。

（12）创建拉伸凸台特征　在基准面 3 中单击 草图绘制 图标，创建一个新的草图，即"草图 9"，接着在"草图 9"作出草图轮廓，如图 3-136 所示。最后将其拉伸，高度为 20mm，完成造型，如图 3-137 所示。

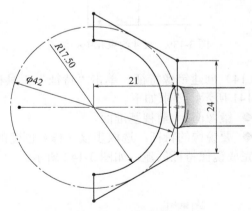

图 3-135　完成放样特征创建　　　　　　图 3-136　拉伸草图轮廓

（13）创建异形孔（M3 螺纹孔）　单击"特征"工具栏异形孔向导命令 异型孔向导，打开"异形孔向导"对话框，如图 3-138 所示，要求如下。

◆ 孔类型：孔。
◆ 标准：GB。
◆ 类型：螺纹钻孔。

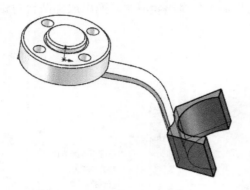

图 3-137　完成拉伸凸台特征

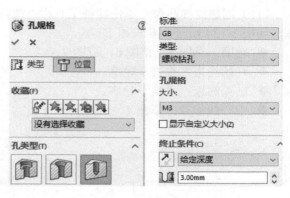

图 3-138　"异形孔"对话框

◆ 孔规格：M3。

◆ 终止条件：给定深度，3。

类型设定完毕，点击位置对话框，在步骤（12）创建拉伸体平面上选取孔位置平面，设置孔中心尺寸如图 3-139 所示，完成异形孔创建，如图 3-140 所示。

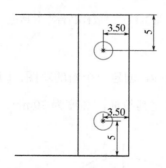

图 3-139　尺寸约束孔中心位置

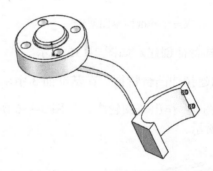

图 3-140　完成异形孔创建

（14）创建镜像特征　单击"特征"工具栏镜像命令 ⬚⬚ 镜向 ，弹出 "镜像"对话框，如图 3-141 所示，要求如下。

◆ 镜像面：　前视基准面。

◆ 要镜像的特征：选取步骤（13）创建的螺纹孔特征。

完成镜像特征创建，如图 3-142 所示。

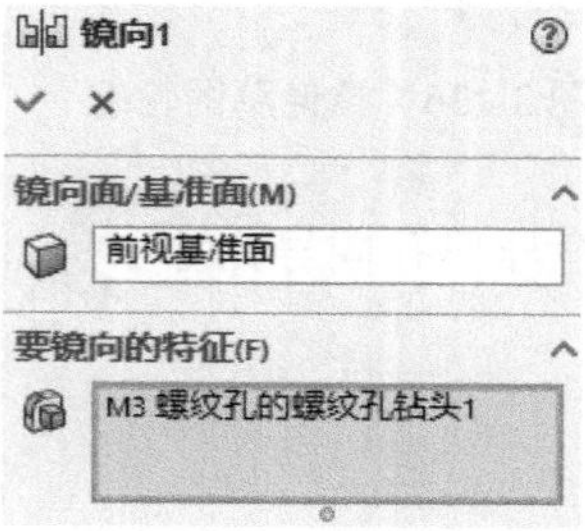

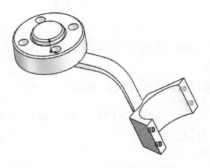

图 3-141　"镜像"对话框

图 3-142　完成镜像特征创建

（15）完成零件造型　如图 3-143 所示，保存文件，退出 SolidWorks。

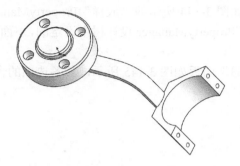

图 3-143　完成零件造型

## 【填写"课程任务报告"】

**课程任务报告**

| 班级 | | 姓名 | | 学号 | | 成绩 | |
|---|---|---|---|---|---|---|---|
| 组别 | | 任务名称 | | 工业机器人焊接末端操作器连接座 | | 参考课时 | 4 学时 |
| 任务图样 | | | | | | | |
| 任务要求 | | 1. 对照任务参考过程、相关视频、知识介绍，完成连接座的造型<br>2. 掌握旋转凸台、拉伸凸台、异形孔特征、放样凸台、倒角等特征创建的方法 | | | | | |
| 任务完成<br>过程记录 | | 总结的过程按照任务的要求进行，如果位置不够可加附页（根据实际情况，适当安排拓展任务供同学分组讨论学习，此时以拓展训练内容的完成过程进行记录） | | | | | |

## 【知识学习】

### 1. 放样特征

所谓放样是指由多个剖面或轮廓形成的基体、凸台或切除，通过在轮廓之间进行过渡来生成特征。

生成一个模型面或模型边线的空间轮廓，然后建立一个新的基准面，用来放置另一个草图

轮廓。单击"特征"工具栏中的 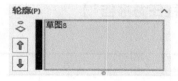 （放样）按钮，或选择菜单栏中的"插入"|"凸台/基体"|"放样"命令。此时会出现如图 3-144 所示的"放样"PropertyManager 设计树。

放样特征都是在"放样"PropertyManager 设计树中设定的，下面介绍"放样"PropertyManager 设计树中各选项的含义。

① "轮廓"面板。"轮廓"面板如图 3-145 所示，其各选项的含义如下所述。

图 3-144 "放样"设计树

图 3-145 "轮廓"面板

◆ ⬍ （轮廓）按钮：决定用来生成放样的轮廓。选择要连接的草图轮廓、面或边线。放样根据轮廓选择的顺序而生成。对于每个轮廓，都需要选择想要放样路径经过的点。

◆ ⬆ （上移）或 ⬇ （下移）按钮：调整轮廓的顺序。放样时选择一轮廓 ⬍ 并调整轮廓顺序。如果放样预览显示不理想的放样，重新选择或组序草图以在轮廓上连接不同的点。

② "起始/结束约束"面板。"起始/结束约束"面板如图 3-146 所示，其各选项的含义如下所述。

◆ "开始约束和结束约束"选项：应用约束以控制开始和结束轮廓的相切。这些选项如下。

◆ 无：没应用相切约束。

◆ 方向向量：根据用为方向向量的所选实体而应用相切约束。使用时选择一方向向量 ↗ ，然后设定拔模角度和起始或结束处相切长度。

◆ 垂直于轮廓：应用垂直于开始或结束轮廓的相切约束。使用时设定拔模角度和起始或结束处相切长度。

与面相切（在附加放样到现有几何体时可用，此处没有显示）：放样在起始处和终止处与现有几何的相邻面相切。此选项只有在放样附加在现有的几何时才可以使用。

◆ "下一个面"选项：该选项在"起始或结束约束"选择与面相切或与面的曲率为起始或结束约束选择时可用，表示在可用的面之间切换放样。

◆ "方向向量"选项：该选项在"起始或结束约束"选择方向向量起始或结束约束选择时可用，表示根据用为方向向量的所选实体而应用相切约束。放样与所选线性边线或轴相切，或与所选面或基准面的法线相切。也可以选择一对顶点以设置方向向量。

◆ "起始和结束处相切长度"选项：该选项在"起始或结束约束"选择无时不可使用，表示控制对放样的影响量。相切长度的效果限制到下一部分。根据需要，单击反转相切方向 ↗ 。

③ "引导线"面板。"引导线"面板如图 3-147 所示，其各选项的含义如下所述。

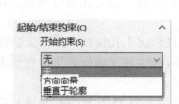

图 3-146　"起始/结束约束"面板　　　　　图 3-147　"引导线"面板

◆ （引导线）选项：选择引导线来控制放样。

**注意**：如果在选择引导线时碰到引导线无效错误信息，在图形区域中用右键单击，选择开始轮廓选择，然后选择引导线。

◆ ⬆（上移）或 ⬇（下移）选项：调整引导线的顺序。选择一引导线并调整轮廓顺序。

◆ "引导线相切类型"选项：该选项控制放样与引导线相遇处的相切。这些选项的含义与"开始约束和结束约束"选项相似，这里不再赘述。

④ "中心线参数"面板。"方向 1"面板如图 3-148 所示，其各选项的含义如下所述。

◆ "中心线"选项：使用中心线引导放样形状。在图形区域中选择一草图。其中中心线可与引导线共存。

◆ "截面数"选项：在轮廓之间并绕中心线添加截面。移动滑杆可以调整截面数。

◆ 👁（显示截面）选项：显示放样截面。单击箭头来显示截面。也可输入一截面数然后单击显示截面 👁 已跳到此截面。

⑤ "薄壁特征"面板。"薄壁特征"面板如图 3-149 所示，其各选项的含义如下所述。

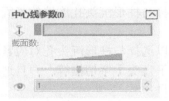

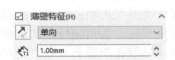

图 3-148　"中心线参数"面板　　　　　图 3-149　"薄壁特征"面板

"薄壁特征类型"选项：设定薄壁特征放样的类型。这些选项如下。

◆ 单向：使用厚度值以单一方向从轮廓生成薄壁特征。根据需要，单击反向按钮使其反向。

◆ 两侧对称：以两个方向应用同一厚度值而从轮廓以双向生成薄壁特征。

◆ 双向：从轮廓以双向生成薄壁特征。为厚度和厚度设定单独数值。

**2．异型孔**

异型孔向导孔的这些类型包括：柱孔、锥孔、孔、螺纹孔、管螺纹孔、旧制孔，如图 3-150 所示，根据需要可以选定异型孔的类型。

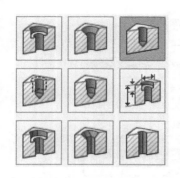

图 3-150　异型孔类型

当使用异型孔向导生成孔时，孔的类型和大小出现在"孔规格"FeatureManager 设计树中。

通过使用异形孔向导可以生成基准面上的孔，或者在平面和非平面上生成孔。生成步骤遵循：设定孔类型参数、孔的定位以及确定孔的位置 3 个过程。

如果要在模型上生成柱形沉头孔特征，操作步骤如下。

① 打开一个零件文件，在零件上选择要生成柱形沉头孔特征的平面。

② 单击"特征"工具栏上的 （异型孔向导）按钮，或选择菜单栏中的"插入"|"特征"|"孔"|"向导"命令，即可打开如图 3-151 所示的"孔规格"FeatureManager 设计树。

③ 选择设计树中"孔规格"面板下的 （柱孔）按钮，此时的"孔规格"面板如图 3-152 所示，设置各参数如选用的标准、类型、大小、套合等。

图 3-151　"孔规格"设计树

图 3-152　"孔规格"面板

◆"标准"选项：利用该选项后的参数栏，可以选择与柱形沉头孔连接的紧固件的标准，如 ISO、AnsiMwtric、JIS 等。

◆"螺栓类型"选项：利用该选项后的参数栏，可以选择与柱形沉头孔对应紧固件的螺栓类型，如六角凹头、六角螺栓、凹肩螺钉、六角螺钉、平盘头十字切槽等。一旦选择了紧固件的螺栓类型，异型孔向导会立即更新对应参数栏中的项目。

◆"大小"选项：利用该选项后的参数栏，可以选择柱形沉头孔对应紧固件的尺寸，如 M5 到 M64 等。

◆"套合"选项：用来为扣件选择套合。分关闭、正常或松弛三种。分别对应柱孔与对应的紧固件配合较紧、正常范围或配合较松散。

④ 根据标准选择柱孔对应于紧固件的螺栓类型，如 ISO 对应的六角凹头、六角螺栓、凹肩螺钉、六角螺钉、平盘头十字切槽等

⑤ 根据需要和孔类型在"终止条件"面板中设置终止条件选项。

利用"终止条件"面板可以选择对应的参数中选择孔的终止条件，这些终止条件主要包括："给定深度"、"完全贯穿"、"成形到下一面"、"成形到一顶点"、"成形到一面"、"到离指定面指定的距离"。

⑥ 根据需要在如图 3-153 所示的"选项"面板中设置各参数。

图 3-153 "选项"面板

◆ "头间隙"选项：设定头间隙值，将使用文档单位把该值添加到扣件头之上。
◆ "近端锥孔"选项：用于设置近端口的直径和角度。
◆ "下头锥孔"选项：用于设置端口底端的直径和角度。
◆ "远端锥孔"选项：用于设置远端处的直径和角度。
⑦ 如果想自己确定孔的特征，可以在如图 3-154 所示的"自定义大小"面板中设置相关参数。
⑧ 设置好柱形沉头孔的参数后，选择"位置"，通过鼠标拖动孔的中心到适当的位置，此时鼠标指针变为 ＊＊ 形状。在模型上选择孔的大致位置，如图 3-155 所示。

图 3-154 "自定义大小"面板　　　　　图 3-155 柱孔位置选择

⑨ 如果需要定义孔在模型上的具体位置，则需要在模型上插入草绘平面，在草图上定位，单击"草图"工具栏中的 ＊＊ （智能尺寸）按钮，像标注草图尺寸那样对孔进行尺寸定位。
⑩ 选择"绘制"工具栏上的 ＊ （点）按钮，将鼠标移动到将要打孔的位置，此时鼠标指针变为 ＊＊ 形状，按住鼠标移动其到想要移动的点，如图 3-156 所示，重复上述步骤，便可生成指定位置的柱孔特征。
⑪ 单击 ✔ （确定）按钮，即可完成孔的生成与定位，如图 3-157 所示。

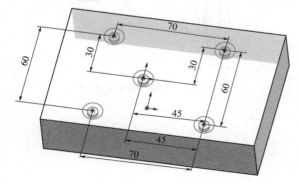

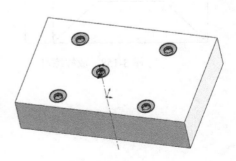

图 3-156 孔位置定义　　　　　　　　图 3-157 生成柱孔

3.5

**1．知识考核**

（1）定义孔在模型上的具体位置，可以在模型上插入草绘平面，在草图上定位，像标注草图尺寸那样对孔进行尺寸定位。（　　）

（2）异形孔生成步骤分为：＿＿＿＿＿、＿＿＿＿＿以及＿＿＿＿＿。

（3）孔向导只能用在平面上。（　　）

（4）当创建放样时，轮廓基准面一定要平行。（　　）

（5）放样一定保证轮廓与引导线相切。（　　）

（6）简述放样特征与扫描特征的区别。

（7）简述异形孔的类型。

**2．技能考核**

如图 3-158、图 3-159 所示完成放样及异型孔练习。

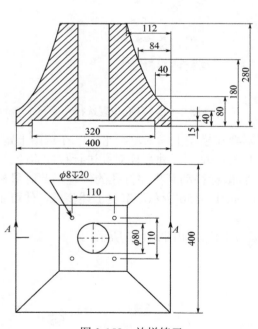

图 3-158　放样练习

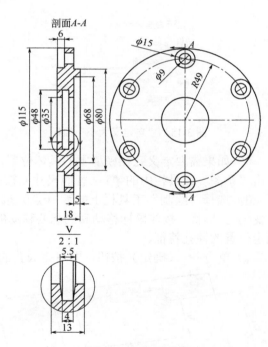

图 3-159　异型孔练习

# 任务3.6 工业机器人零部件三维曲面造型

### 知识点

◎ 基本曲面造型（拉伸曲面、旋转曲面）及缝合曲面、剪裁曲面等基本命令。

◎ 基本曲面造型和曲面编辑各参数含义。

### 技能点

◎ 熟练使用基本曲面造型（拉伸曲面、旋转曲面）及缝合曲面、剪裁曲面等完成造型方案设计。

◎ 能进行草图、草图几何关系约束。

◎ 掌握基本曲面造型和曲面编辑的操作步骤。

### 任务描述

本任务要完成的图形如图3-160所示。通过本项目的学习，使读者能熟练掌握基本曲面造型（拉伸曲面、旋转曲面）及缝合曲面、剪裁曲面等相关的草图操作。通过学习了解曲面造型特征的构建方法，掌握三维曲面造型的构图技巧。学习本项目要注意：将拉伸、旋转曲面的创建与拉伸、旋转特征的创建相区别，根据实际选择合适的建模方法以提高作图效率。

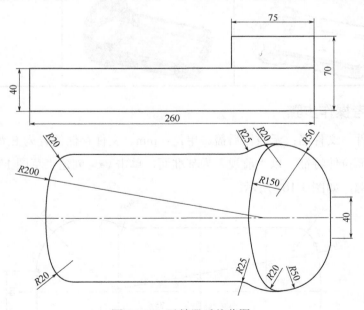

图3-160 示教器后盖草图

示教器后盖如图3-160所示。它属于典型的曲面零件，其结构主要由拉伸曲面、裁剪曲面、缝合曲面、曲面圆角、曲面基准面等特征组成。

**任务实施**

### 3.6.1　造型方案设计

示教器后盖由拉伸曲面、裁剪曲面、缝合曲面、曲面圆角、曲面基准面等规则的基本曲面要素组成，主要通过拉伸曲面、裁剪曲面、缝合曲面、曲面圆角、曲面基准面等完成造型方案设计。具体造型方案见表3-6。

表3-6　示教器后盖曲面设计

| 步骤 | 1. 创建曲面拉伸 | 2. 创建平面区域 | 3. 创建曲面拉伸 |
|---|---|---|---|
| 图示 | | | |
| 步骤 | 4. 创建曲面裁剪 | 5. 创建平面区域 | 6. 创建曲面缝合 |
| 图示 | | | |
| 步骤 | 7. 创建曲面倒圆角 | 8. 创建曲面加厚 | |
| 图示 | | | |

### 3.6.2　参考操作步骤

（1）新建文件　文件名：示教器后盖。单位：mm。文件存储位置为E:盘根目录。

（2）创建曲面拉伸特征　以"前视"为基准面，单击 草图绘制 创建"草图1"，在"草图1"上作出拉伸草图轮廓，如图3-161所示。

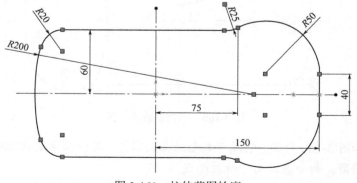

图3-161　拉伸草图轮廓

单击"插入"菜单栏，"曲面"工具栏，再单击拉伸曲面 拉伸曲面(E)... 图标，打开"拉伸曲面"对话框，拉伸方向为给定深度 40mm，如图 3-162 所示，完成造型，如图 3-163 所示。

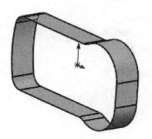

图 3-162　"曲面-拉伸"对话框　　　　　　　　图 3-163　完成曲面拉伸

（3）创建平面区域特征 平面区域(P)...　　使用步骤（2）创建的曲面拉伸轮廓线为轮廓，如图 3-164 所示，完成创建平面区域轮廓，如图 3-165 所示。

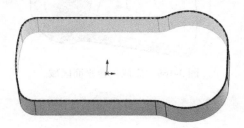

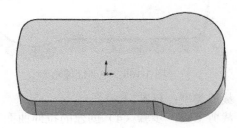

图 3-164　平面区域轮廓　　　　　　　　图 3-165　完成平面区域轮廓

（4）创建曲面拉伸 拉伸曲面(E)...　　以步骤（3）创建的平面区域为基准面，单击 草图绘制 创建"草图 2"，在"草图 2"上作出拉伸草图轮廓，如图 3-166 所示。

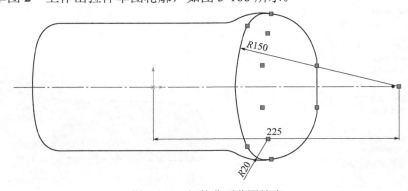

图 3-166　拉伸曲面草图轮廓

单击"插入"菜单栏，"曲面"工具栏，再单击拉伸曲面 拉伸曲面(E)... 图标，打开"拉伸曲面"对话框，拉伸方向为给定深度 30mm，如图 3-167（a）所示，完成造型，如图 3-167（b）所示。

（5）创建平面区域特征 平面区域(P)...　　使用步骤（2）创建的曲面拉伸轮廓线为轮廓，如图 3-168 所示，完成创建平面区域轮廓，如图 3-169 所示。

（6）创建曲面-剪裁　　单击"插入"菜单栏，"曲面"工具栏，再单击曲面裁剪命令 剪裁曲面(T)...，弹出曲面裁剪对话框，如图 3-170 所示，要求如下。

（a）"曲面-拉伸"对话框

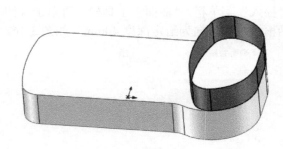

（b）完成曲面拉伸

图 3-167 创建拉伸曲面

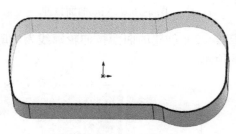

图 3-168 平面区域轮廓

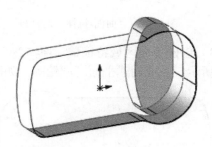

图 3-169 完成创建平面区域

裁剪类型：标准。

裁剪工具：步骤（4）创建的拉伸曲面。

被裁剪的平面：步骤（3）创建的平面区域。

移除选择：选中。

移除部分：步骤（4）创建的拉伸曲面与步骤（3）创建的平面区域相交区域。完成曲面裁剪特征创建，如图 3-171 所示。

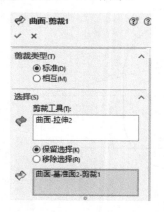

图 3-170 "曲面裁剪"对话框

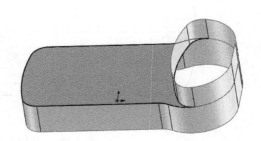

图 3-171 完成曲面裁剪

（7）创建曲面-缝合特征　单击"插入"菜单栏，"曲面"工具栏，再单击曲面缝合命令 缝合曲面(K)... ，弹出曲面缝合对话框，如图 3-172 所示，要求如下。

要缝合的曲面：步骤（2）～步骤（5）创建的曲面。

缝合公差：0.0025mm。

完成曲面缝合特征的创建，如图 3-173 所示。

图 3-172　"曲面缝合"对话框

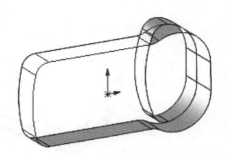

图 3-173　完成曲面缝合特征

**注意：** 有些曲面无法缝合，主要因为缝合公差过小，可以尝试增大公差。

（8）创建曲面倒圆角特征　单击"插入"菜单栏，"曲面"工具栏，再单击圆角命令 圆角(U)... ，弹出曲面圆角对话框，要求：圆角参数对称，圆角半径 5mm，如图 3-174 所示。

完成曲面倒圆角特征创建，如图 3-175 所示。

图 3-174　曲面"圆角"对话框

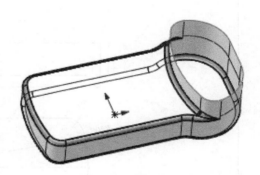

图 3-175　完成曲面倒圆角

（9）创建曲面加厚特征　单击"插入"菜单栏，"凸台基体"工具栏，再单击加厚命令 加厚(T)... ，弹出曲面加厚对话框，要求加厚距离为 2mm，对称加厚，合并结果，如图 3-176 所示。

完成曲面倒圆角特征创建，如图 3-177 所示。

图 3-176　曲面"加厚"对话框

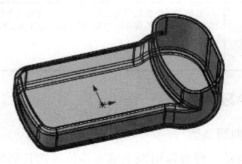

图 3-177　完成曲面倒圆角

（10）完成零件造型　如图 3-178 所示，保存文件，退出 SolidWorks。

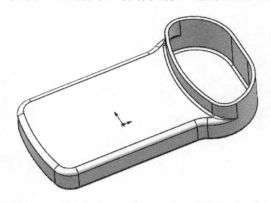

图 3-178　完成零件造型

## 【填写"课程任务报告"】

**课程任务报告**

| 班级 | | 姓名 | | 学号 | | 成绩 | |
|---|---|---|---|---|---|---|---|
| 组别 | | 任务名称 | 工业机器人示教器后盖 | | | 参考课时 | 8 学时 |
| 任务图样 | 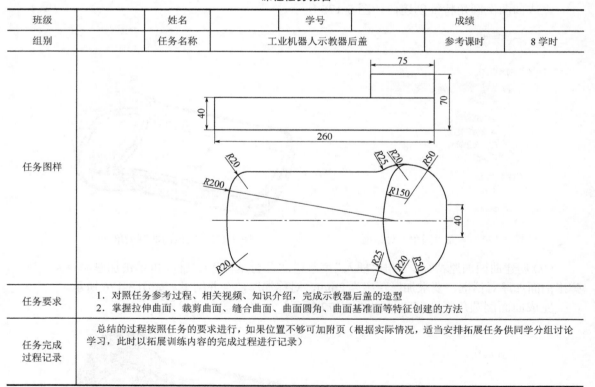 | | | | | | |
| 任务要求 | 1．对照任务参考过程、相关视频、知识介绍，完成示教器后盖的造型<br>2．掌握拉伸曲面、裁剪曲面、缝合曲面、曲面圆角、曲面基准面等特征创建的方法 | | | | | | |
| 任务完成<br>过程记录 | 　　总结的过程按照任务的要求进行，如果位置不够可加附页（根据实际情况，适当安排拓展任务供同学分组讨论学习，此时以拓展训练内容的完成过程进行记录） | | | | | | |

## 【知识学习】

### 1．曲面造型

　　曲面是一种可以用来生成实体特征的几何体。在 SolidWorks 2006 中建立曲面后，可以用很多方式对曲面进行延伸，既可以将曲面延伸到某个已有的曲面，与其缝合或延伸到指定的实体表面，也可以输入固定的延伸长度，或者直接拖动其红色箭头手柄，实时地将边界拖到新的位置。

另外，利用 SolidWorks 2006 还可以对曲面进行修剪，可以用实体修剪，也可以用另一个复杂的曲面进行修剪，此外还可以将两个曲面或一个曲面一个实体进行弯曲操作。

在对曲面进行编辑修改时，SolidWorks 2006 将保持其相关性，即当其中一个发生改变时，另一个会同时相应改变。SolidWorks 2006 可以使用下列方法生成多种类型的曲面。

◆ 从一组闭环边线插入一个平面，该闭环边线位于草图或者基准面上。

◆ 由草图拉伸、旋转、扫描或放样生成曲面。

◆ 从现有的面或曲面等距生成曲面。

◆ 从其他应用程序（如 Pro/Engineer、Unigraphics、SolidEdge、Autodesk Inventor 等）导入曲面文件。

◆ 由多个曲面组合而成曲面。

曲面实体用来描述相连的零厚度的几何体，如单一曲面、圆角曲面等。一个零件中可以有多个曲面实体。

SolidWorks 2006 提供了专门的"曲面"工具栏来控制曲面的生成和修改。要打开或关闭"曲面"工具栏，只在选择菜单栏中的"视图"|"工具栏"|"曲面"命令即可。

**2．平面区域**

生成平面区域可以通过草图中生成有边界的平面区域，也可以在零件中生成有一组闭环边线边界的平面区域。具体操作如下。

（1）生成一个非相交、单一轮廓的闭环草图。

（2）单击"曲面"工具栏的"平面区域" ，或选择菜单栏中的"插入"|"曲面"|"平面区域"命令，会弹出如图 3-179 所示的对话框。

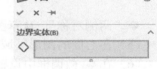

图 3-179 "平面区域"设计树

（3）在"平面区域" PropertyManager 设计树中，选择"边界实体" ，并在图形区域中选择草图或选择 FeatureManager 设计树。

（4）如果要在零件中生成平面区域，则选择"边界实体" ，然后在图形区域中选择零件上的一组闭环边线。注意：所选的组中所有边线必须位于同一基准面上。

（5）单击 （确定）按钮即可生成平面区域，如图 3-180 所示。

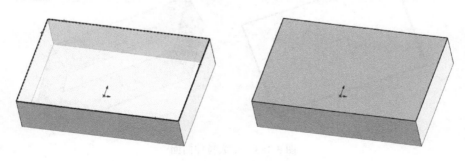

图 3-180 生成平面区域

**3．拉伸曲面**

拉伸曲面的造型方法和特征造型中的对应方法相似，不同点在于曲线拉伸操作的草图对象可以封闭也可以不封闭，生成的是曲面而不是实体。要拉伸曲面，可以采用下面的操作。

（1）单击草图绘制按钮 草图绘制，打开一个草图并绘制曲面轮廓。

（2）单击"曲面"工具栏上的 （拉伸曲面）按钮，或选择菜单栏中的"插入"|"曲面"|"拉伸曲面"命令。

（3）此时会出现如图 3-181 所示的"曲面-拉伸"PropertyManager 设计树。

（4）在如图 3-182 所示的"方向 1"栏中的终止条件下拉列表框选择拉伸终止条件。

◆"给定深度"：从草图基准面拉伸特征到模型的一个顶点所在的平面以生成特征。这个平面平行于草图基准面且穿越指定的顶点。

◆"成形到一面"：从草图的基准面拉伸特征到所选的曲面以生成特征。

图 3-181　"曲面-拉伸"设计树　　　　　图 3-182　"方向 1"面板

◆"到离指定面指定的距离"：从草图的基准面拉伸特征到距某面或曲面特定距离处以生成特征。

◆"两侧对称"：从草图基准面向两个方向对称拉伸特征。

（5）在右面的图形区域中检查预览。单击反向按钮 ，可以向另一个方向拉伸。

（6）在 微调框中设置拉伸的深度。

（7）如果有必要，可以选择"方向 2"复选框，将拉伸应用到第二个方向，方向 2 的设置方法同方向 1。

（8）单击 （确定）按钮，完成拉伸曲面的生成，如图 3-183 所示。

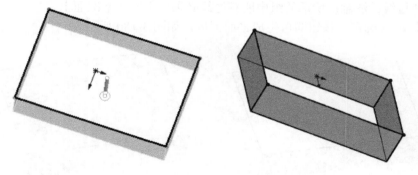

图 3-183　生成拉伸曲面

### 4. 曲面编辑

曲面是一种可以用来生成实体特征的几何体。可以用很多方式对曲面进行修改，比如可以将曲面延伸到某个已有的曲面，也可以缝合或延伸到指定的实体表面，也可以输入固定的延伸长度，或者直接拖动其红色箭头手柄，实时地将边界拖到新的位置等。

值得一提的是，SolidWorks 2006 在对曲面的编辑修改，需要注意保持其相关性，如果其中一个曲面发生改变时，另一个也会同时相应改变。

对曲面的控制包括延伸曲面、圆角曲面、缝合曲面、中面、填充曲面、剪裁曲面、移动/复制实体、移动面、删除面、删除孔、替换面等。这里通过介绍一些常用的功能如延伸曲面等，在掌握其基本操作过程后，读者对于其他修改功能也能灵活运用。

（1）缝合曲面　缝合曲面是将相连的两个或多个曲面连接成一体。缝合后的曲面会吸收用于生成它们的曲面。空间曲面经过剪裁、拉伸和圆角等操作后，可以自动缝合，而不需要进行缝合曲面操作。

缝合曲面最为实用的场合就是在 CAM 系统中，建立三维侧面铣削刀具路径。由于缝合曲面可以将两个或多个曲面组合成一个，刀具路径容易最佳化，减少多余的提刀动作。要缝合的曲面的边线必须相邻并且不重叠。

如果要将多个曲面缝合为一个曲面，可以采用下面的操作。

① 单击"曲面"工具栏上的 📇（缝合曲面）按钮，或选择菜单栏中的"插入"|"曲面"|"缝合曲面"命令，此时会出现如图 3-184 所示的"缝合曲面"PropertyManager 设计树。

② 在 PropertyManager 设计树中单击"选择"栏中 📇 图标右侧的显示框，然后在图形区域中选择要缝合的面，所选项目列举在该显示框中。

③ 单击 ✔（确定）按钮，完成曲面的缝合工作。

缝合后的曲面外观没有任何变化，但是多个曲面已经可以作为一个实体来选择和操作了，如图 3-185 所示。

图 3-184 "缝合曲面"设计树

图 3-185 曲面缝合工作

（2）剪裁曲面　剪裁曲面是指采用布尔运算的方法在一个曲面与另一个曲面、基准面或草图交叉处修剪曲面，或者将曲面与其他曲面联合使用作为相互修剪的工具。

剪裁曲面主要有两种方式，第一种是将两个曲面互相剪裁，第二种是以线性图元修剪曲面。

如果要剪裁曲面可以采用下面的操作。

① 打开一个将要剪裁的曲面文件，如图 3-186 所示。

② 单击"曲面"工具栏上的 ✍（剪裁曲面）按钮，或选择菜单栏中的"插入"|"曲面"|"剪裁"命令，此时会出现如图 3-187 所示的"剪裁曲面"PropertyManager 设计树。

③ 在 PropertyManager 设计树中的"剪裁类型"单选按钮组中选择剪裁类型。

◆ "标准"：使用曲面作为剪裁工具，在曲面相交处剪裁曲面。

◆ "相互"：将两个曲面作为互相剪裁的工具。

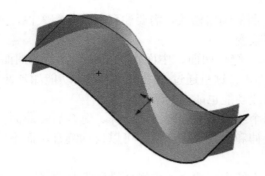

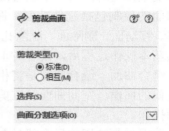

图 3-186　曲面文件　　　　　　　　　　图 3-187　"剪裁曲面"设计树

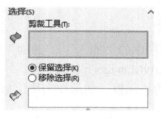

图 3-188　"选择"面板

④　如果选择了"标准",则在如图 3-188 所示的"选择"面板中单击"剪裁工具"项目中 图标右侧的显示框,然后在图形区域中选择一个曲面作为剪裁工具。

⑤　单击"保留部分"项目中 图标右侧的显示框,然后在图形区域中选择曲面作为保留部分,所选项目会在对应的显示框中显示。

⑥　如果选择了"相互",则在如图 3-188 所示的"选择"面板中单击"剪裁曲面"项目中 图标右侧的显示框,然后在图形区域中选择作为剪裁曲面的至少两个相交曲面。

⑦　单击"保留的部分"项目中 图标右侧的显示框,然后在图形区域中选择需要的区域作为保留部分(可以是多个部分),所选项目会在对应的显示框中显示。

⑧　单击 按钮,完成曲面的剪裁,如图 3-189 所示。

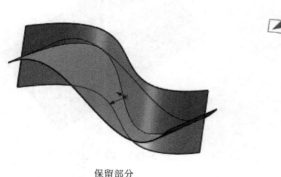

保留部分　　　　　　　　　　　　　剪裁后效果

图 3-189　曲面的剪裁

3.6

　任务拓展

**1. 知识考核**

(1)曲面是一种可以用来生成实体特征的几何体。(　　　)

(2)曲面可以修剪实体,实体也可以修剪曲面。(　　　)

（3）缝合曲面的定义是_____。

（4）若裁剪工具曲面在目标全面之内，则可以进行裁剪。（　　）

（5）实体拉伸可以拔模，曲面拉伸不可以拔模。（　　）

（6）简述平面区域操作步骤。

**2．技能考核**

完成图 3-190 绘制，并标注尺寸。

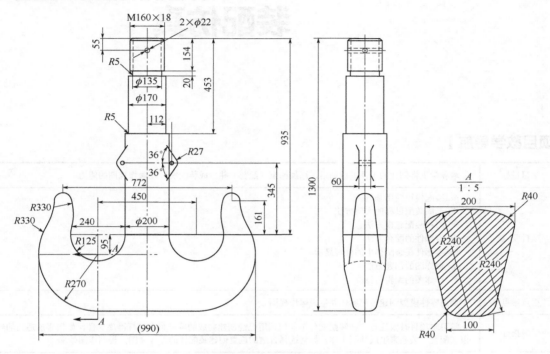

图 3-190　曲面造型练习

## 【项目小结】

通过本项目的学习，应掌握以下内容。

（1）零件和特征的关系及特征管理。

（2）拉伸、旋转、扫描特征的应用。

（3）孔向导、圆角、倒角、阵列等。

（4）理解和应用零件的修改方法。

学会综合应用这些基本指令完成产品的三维建模。熟练掌握建模过程与软件的应用技巧。

# 项目四 工业机器人零部件装配仿真

## 【项目教学导航】

| 学习目标 | 培养学生将创建的零件进行调用,添加约束(配合)并生成装配实体及爆炸视图的能力 | | | |
|---|---|---|---|---|
| 项目要点 | ※ 装配模块应用基础<br>※ 产品装配过程的实现方法<br>※ 两种装配建模方法<br>※ 零部件的配合方法<br>※ 零部件在装配体中的外观显示<br>※ 爆炸图的创建方法<br>※ 爆炸图的编辑与修改 | | | |
| 重点难点 | 调用零件模型创建装配实体并生成爆炸视图 | | | |
| 学习指导 | 学习本项目时要注意:在装配文件中如何调用已经创建完成的零件模型及标准库文件,如何添加适当的约束(配合)关系来生成装配实体,如何选择合适的位置创建装配体的爆炸视图,提高作图效率 | | | |
| 教学安排 | 任务 | 教学内容 | 学时 | 作业 |
| | 任务4.1 | 工业产品装配体设计 | 4 | 任务4.1附带知识考核、技能考核 |
| | 任务4.2 | 工业机器人腕部装配 | 4 | 任务4.2附带知识考核技能考核 |

## 【项目简介】

装配设计是三维设计中的一个重要环节,不仅可以利用三维模型实现产品成本的装配,还可以使用装配工具实现干涉检查、动态模拟、装配流程、运动仿真等一系列产品整体的辅助设计。

与产品的实际装配过程不同,SolidWorks 的装配是一种虚拟装配。将一个零部件模型引入到一个装配模型中时,并不是将该零部件模型的所有数据"复制"或"移动"过来,而只是建立装配模型与被引用零部件模型文件之间的引用(或链接)关系,即有一个指针从装配模型指向被引用的每一个零部件。一旦被引用的零部件模型被修改,其装配模型也会随之更新。

一个装配中可引用一个或多个零部件模型文件,也可引用一个或多个子装配模型文件;一个装配模型文件可以作为另一个装配模型文件的一个零件。

# 任务 4.1　工业产品装配体设计

## 知识点

◎ 固定零部件、装配体显示状态、爆炸视图、配合关系等基本命令。

◎ 重合、同心、距离等配合关系各参数含义。

◎ 添加零部件、旋转/平移零部件。

## 技能点

◎ 熟练掌握零件定位、爆炸视图以及自底向上的装配方法和相关命令。

◎ 掌握应用 SoildWorks 仿真装配模块完成产品的虚拟装配的基本技能。

◎ 掌握装配的操作步骤。

## 任务描述

本任务要完成的柱塞泵部件及其装配如图 4-1 ~ 图 4-6 所示。通过本任务的学习，使读者能熟练掌握零件定位、爆炸视图以及自底向上的装配方法和相关命令，掌握应用 SoildWorks 仿真装配模块完成产品的虚拟装配的基本技能。

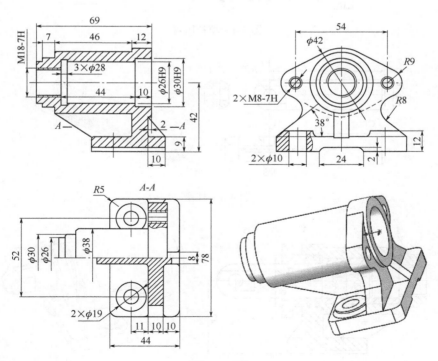

图 4-1　泵

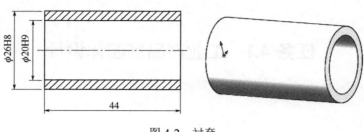

图 4-2　衬套

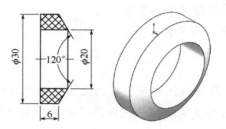

图 4-3　填料

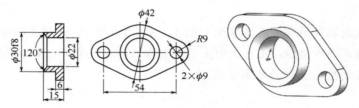

图 4-4　填料压盖

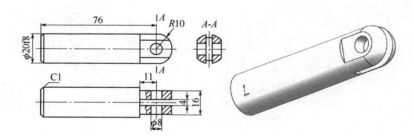

图 4-5　柱塞

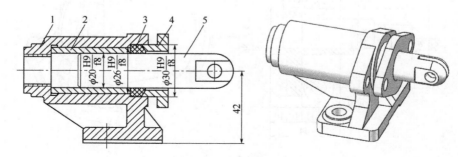

图 4-6　装配关系图

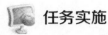 **任务实施**

### 4.1.1 装配方案设计

柱塞泵装配体主要由本体泵、填料、衬套、填料压盖、柱塞等零部件组成，其中本体泵是整个装配的基础部件，它的位置是其他零件定位的基础，应该首先进行泵本体引入固定，然后依次添加零部件并配合，最后生成爆炸图。具体装配方案见表4-1。

**表4-1 柱塞泵装配体装配方案设计**

| 步骤 | 1. 插入泵本体 | 2. 衬套与泵本体的配合 | 3. 填料与衬套配合 | 4. 填料压盖与泵本体配合 |
|---|---|---|---|---|
| 图示 | | | | |

| 步骤 | 5. 柱塞与泵本体配合 | 6. 生成爆炸视图 | 7. 编辑爆炸视图 |
|---|---|---|---|
| 图示 | | | |

### 4.1.2 参考操作步骤

（1）**新建文件** 文件名：柱塞泵装配件。单位：mm。文件存储位置为 E:盘根目录。

（2）**插入泵本体** 单击工具栏上的"插入零部件"命令 ![插入零部件图标]，浏览并找到欲插入的文件，单击"确定"按钮后完成，如图4-7所示。

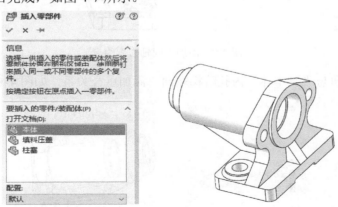

图4-7 插入泵本体

系统自动将第一个插入的零件设为"固定"，即后面所有插入的零件都是以此为基准进行配合，也可以在其右键菜单里选择"浮动"命令，将其改为可以活动的零件，如图4-8所示。

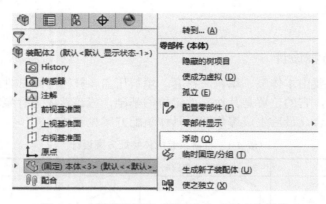

图 4-8　右键菜单进行"浮动"与"固定"转换

**注意：**"固定"方式，即完全定义；"浮动"方式，可以随意移动或旋转。二者通过右键快捷菜单中的相应命令进行转换。

（3）插入"衬套"并添加与"泵本体"的配合关系　如果添加的零件位置不合适，可以通过"移动零部件" 移动零部件 或者"旋转零部件" 旋转零部件 来调整它的位置方位。

单击工具栏上"配合"命令 配合 为"轮"与"轮架"零件间添加"同轴心"约束关系，如图 4-9 所示。

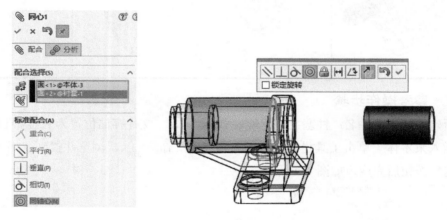

图 4-9　添加"同轴心"约束

为"衬套"端面与"泵本体"内孔阶梯端面，添加重合关系，如图 4-10 所示。

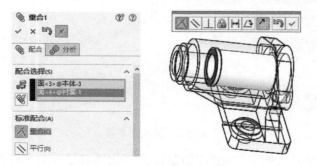

图 4-10　添加"重合"约束关系

（4）填料与衬套配合 在右键快捷菜单中或是在状态树中选择"隐藏"命令，隐藏"泵本体"零件，插入"填料"并添加与"衬套"的配合关系，如图 4-11～图 4-13 所示。

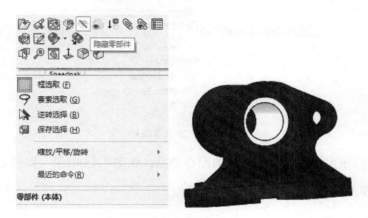

图 4-11 隐藏"泵本体"零件

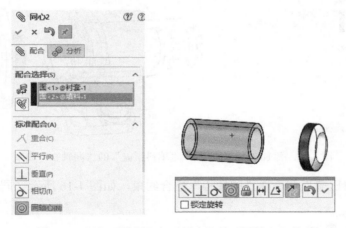

图 4-12 添加"填料"与"衬套"的"同轴心"关系

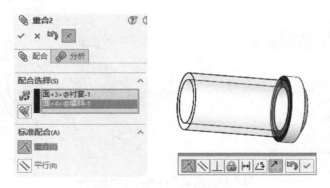

图 4-13 添加"填料"与"衬套"的"重合"关系

（5）填料压盖与泵本体配合 在状态树里右键点击固定的"泵本体"零件，在弹出的快捷菜单中选择"显示"命令，将"泵本体"零件显示出来，如图 4-14 所示。

图 4-14　显示零部件

◆ 插入"填料压盖"与"泵本体"的配合关系，如图 4-15 所示（同轴心）。

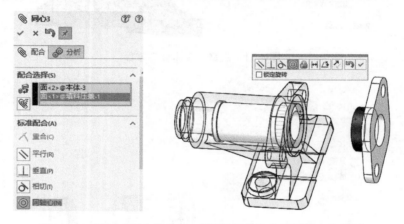

图 4-15　添加"泵本体"与 "填料压盖"的"同轴心"关系

◆ 添加"填料压盖"并添加"同轴心"配合约束，如图 4-16 所示（同轴心）。

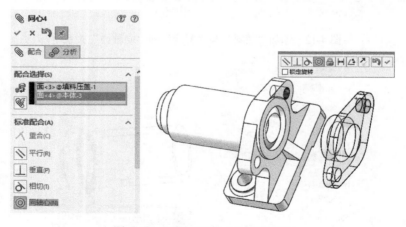

图 4-16　添加"同轴心"配合约束

◆ 添加"填料压盖"与"填料"的"重合"配合约束，如图 4-17 所示。

（6）柱塞与泵本体配合　插入"柱塞"并添加与"泵本体"的配合关系，如图 4-18（同轴心）和图 4-19（距离）、图 4-20（平行）所示。

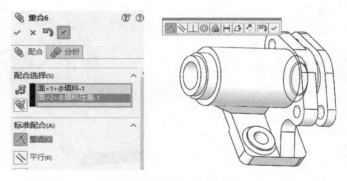

图 4-17　添加"填料压盖"与"填料"的"重合"配合约束

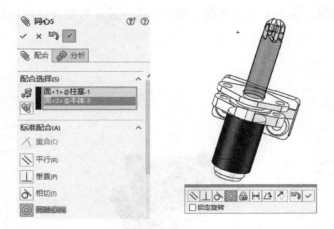

图 4-18　插入"柱塞"并添加与"泵本体"的"同轴心"配合约束

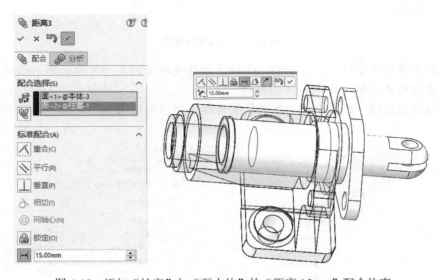

图 4-19　添加"柱塞"与"泵本体"的"距离 15mm"配合约束

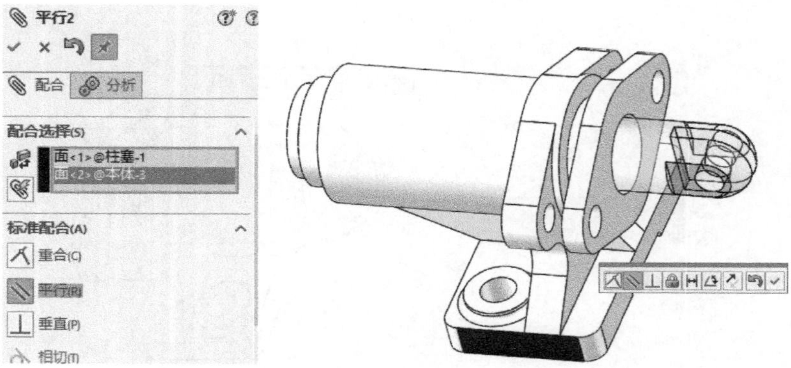

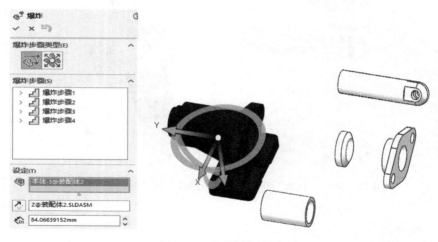

图 4-20　添加"柱塞"与"泵本体"的"平行"配合约束

（7）生成爆炸视图　单击工具栏"爆炸视图"命令  为配合件添加爆炸视图，如图 4-21 所示。

图 4-21　生成爆炸视图

**提示**：单击移动的零件，在弹出的 3D 轴上按住要移动到某一方向的那个轴并拖动鼠标，到达预定位置后松开左键，完成零件的移动。

（8）编辑爆炸视图　在状态树"配置"管理器里可以编辑爆炸图，如图 4-22 所示。

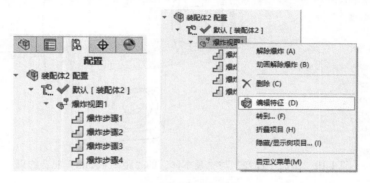

图 4-22　编辑爆炸图

在右键快捷菜单里选择"编辑特征"命令，打开"爆炸"对话框，在其中可以编辑方向、位置和距离等条件。

在"爆炸视图"的右键快捷菜单中可以选择"解除爆炸"和"动画解除爆炸"等命令，如图 4-23 所示。

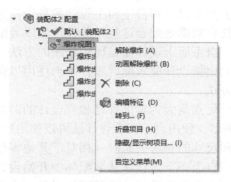

图 4-23　爆炸视图的右键菜单

（9）完成柱塞泵装配　保存文件，退出 SolidWorks。

## 【填写"课程任务报告"】

### 课程任务报告

| 班级 | | 姓名 | | 学号 | | 成绩 | |
|---|---|---|---|---|---|---|---|
| 组别 | | 任务名称 | | 柱塞泵装配 | | 参考课时 | 8 学时 |
| 任务图样 | | | | | | | |
| 任务要求 | 1．熟练掌握零件定位、爆炸视图以及自底向上的装配方法和相关命令<br>2．掌握应用 SoildWorks 仿真装配模块完成产品的虚拟装配的基本技能<br>3．掌握装配的操作步骤 | | | | | | |
| 任务完成过程记录 | 总结的过程按照任务的要求进行，如果位置不够可加附页（根据实际情况，适当安排拓展任务供同学分组讨论学习，此时以拓展训练内容的完成过程进行记录） | | | | | | |

## 【知识学习】

### 1．装配体概述

装配体是由许多零部件组合生成的复杂体，其扩展名为.sldasm。装配体的零部件可以包括独立的零件和其他装配体（称为子装配体）。对于大多数的操作，两种零部件的行为方式是相同的。零部件被链接到装配体文件，当零部件被修改以后，相应的装配体文件也被修改。

装配体是由若干个零件所组成的部件。它表达的是部件（或机器）的工作原理和装配关系，在进行设计、装配、检验、安装和维修过程中都是非常重要的。

当一个零部件（单个零件或子装配体）放入装配体中时，这个零部件文件会与装配体文件链接。对零部件文件所进行的任何改变都会更新装配体。

装配体的设计方法有自上而下设计和自下而上设计两种设计方法，也可以将两种方法结合起来。无论采用哪种方法，其目的都是配合这些零部件，生成装配体或子装配体。

（1）自下而上设计方法　自下而上设计法是比较传统的方法。在自下而上设计中，先生成零件并将之插入装配体，然后根据设计要求配合零件。当使用以前生成的不在线的零件时，自下而上的设计方案是首选的方法。

自下而上设计法的另一个优点是因为零部件是独立设计的，与自上而下设计法相比，它们的相互关系及重建行为更为简单。使用自下而上设计法可以使用户专注于单个零件的设计工作。当不需要建立控制零件大小和尺寸的参考关系时（相对于其他零件），则此方法较为适用。

（2）自上而下设计方法　自上而下设计法从装配体中开始设计工作，这是两种设计方法的不同之处。设计时可以使用一个零件的几何体来帮助定义另一个零件，或生成组装零件后才添加的加工特征。也可以将布局草图作为设计的开端，定义固定的零件位置、基准面等，然后参考这些定义来设计零件。

**2.　配合概述**

SolidWorks 的配合会在零部件之间建立几何关系，例如共点、垂直、相切等。使用配合关系，可相对于其他零部件来精确地定位零部件，还可定义零部件如何相对于其他零部件移动和旋转。

进行零件装配时，需要单击"配合"工具栏中的"配合"按钮 🖉，此时会出现如图 4-24 所示的"配合"PropertyManager 设计树，其中各选项的含义如下所述。

（1）"配合选择"面板　选择想要配合在一起的面、边线、基准面等，被选择的选项出现在其后的选项面板中。使用时可以参阅以下所列举的配合类型之一。

（2）"标准配合"面板（如图 4-25 所示）　标准配合面板下有重合、平行、垂直、相切、同轴心、距离和角度配合等。所有配合类型会始终显示在 PropertyManager 设计树中，但只有适用于当前选择的配合才可供使用。使用时根据需要可以切换配合对齐。

图 4-24　"配合"设计树

图 4-25　"标准配合"面板

**3.　常用配合方法**

下面来介绍建立装配体文件时常用的几种配合方法，这些配合方法都出现在"配合"PropertyManager 设计树中。

"重合"配合：该配合会将所选择的面、边线及基准面（它们之间相互组合或与单一项组合）重合在一条无限长的直线上或将两个点重合，定位两个顶点使它们彼此接触，重合配合效果如图 4-26 所示。

注意：两个圆锥之间的配合必须使用同样半角的圆锥。拉伸指的是拉伸实体或曲面特征的单一面。不可使用拔模拉伸。

◆"平行"配合：所选的项目会保持相同的方向，并且互相保持相同的距离。

◆"垂直"配合：该配合会将所选项目以 90°相互垂直配合，例如两个所选的面垂直配合，配合效果如图 4-27 所示。

图 4-26 重合配合效果

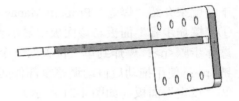

图 4-27 垂直配合效果

注意：在"平行"配合与"垂直"配合中，圆柱指的是圆柱的轴。拉伸指的是一拉伸实体或曲面特征的单一面。不允许以拔模拉伸。

◆"同轴心"配合：该配合会将所选的项目位于同一中心点上，同轴心配合效果如图 4-28 所示。

◆"距离"配合：所选的项目之间会保持指定的距离。单击此按钮，利用输入的数据确定配合件的距离，如图 4-29 所示为设置不同距离值后的配合效果。

注意：在这里直线也可指轴。配合时必须在"配合"PropertyManager 设计树的距离框中键入距离值。默认值为所选实体之间的当前距离。两个圆锥之间的配合必须使用同样半角的圆锥。

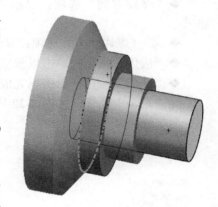

图 4-28 同轴心配合

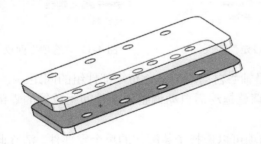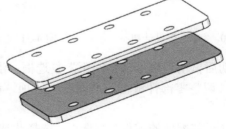

图 4-29 设置不同的距离值效果

◆"角度"配合：该配合会将所选项目以指定的角度配合。单击此按钮，则可输入一定的角度以便确定配合的角度。

注意：圆柱指的是圆柱的轴。拉伸指的是拉伸实体或曲面特征的单一面。不可使用拔模拉伸。必须在"配合"PropertyManager 设计树的角度框中键入角度值。默认值为所选实体之间的当前角度。

**4. 装配体爆炸视图**

为了便于直观地观察装配体之间零件与零件之间的关系，经常需要分离装配体中的零部件以形象地分析它们之间的相互关系。装配体的爆炸视图可以分离其中的零部件以便查看这个装配体。

装配体爆炸后，不能给装配体添加配合，一个爆炸视图包括一个或多个爆炸步骤，每一个爆炸视图保存在所生成的装配体配置中，每一个配置都可以有一个爆炸视图。

（1）爆炸属性　单击"装配体"工具栏上的"爆炸视图"按钮 ，或选择菜单栏中的"插入"|"爆炸视图"命令，会出现如图 4-30 所示的"爆炸"PropertyManager 设计树。

下面就来介绍"爆炸"PropertyManager 设计树中各选项的含义。

① "爆炸步骤"面板。该面板中显示现有的爆炸步骤，其内容有：

爆炸步骤<n>：爆炸到单一位置的一个或多个所选零部件。

链<n>：使用拖动后自动调整零部件间距沿轴心爆炸的两个或多个成组所选零部件。

② "设定"面板（如图 4-31 所示）。

◆ （爆炸步骤的零部件）选项：显示当前爆炸步骤所选的零部件。

◆ "爆炸方向"选项：显示当前爆炸步骤所选的方向。如有必要，可以单击"反向"按钮 。

◆ （爆炸距离）选项：显示当前爆炸步骤零部件移动的距离。

◆ "应用"按钮：单击以预览对爆炸步骤的更改。

◆ "完成"按钮：单击以完成新的或已更改的爆炸步骤。

③ "选项"面板（如图 4-32 所示）。

图 4-30　"爆炸"设计树

图 4-31　"设定"面板

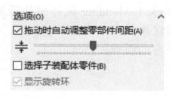

图 4-32　"选项"面板

"拖动后自动调整零部件间距"复选框：沿轴心自动均匀地分布零部件组的间距。

（调整零部件链之间的间距）选项：调整拖动后自动调整零部件间距放置的零部件之间的距离。

"选择子装配体的零件"复选框：选择此选项可以选择子装配体的单个零部件。清除此选项可以选择整个子装配体。

④ "重新使用子装配体爆炸"按钮。单击该按钮表示使用先前在所选子装配体中定义的爆炸步骤。

（2）添加爆炸　如果要对装配体添加爆炸，可以采用下面的操作步骤。

① 打开一张所要爆炸的装配体文件，单击"装配体"工具栏上的 按钮，或选择菜单栏中的"插入"|"爆炸视图"命令，出现"爆炸"PropertyManager 设计树。

② 在图形区域或弹出的特征管理器中，选择一个或多个零部件以将其包含在第一个爆炸步骤中。

此时操纵杆出现在图形区域中，在 PropertyManager 设计树中，零部件出现在设定下的爆炸步骤的零部件 🌐 中。

③ 将指针移到指向零部件爆炸方向的操纵杆控标上，指针形状变为 🦾。

④ 拖动操纵杆控标来爆炸零部件，爆炸步骤出现。

**提示：** 可以拖动操纵杆中心的黄色球体，将操纵杆移至其他位置。如果在特征上拖动操纵杆，则操纵杆的轴会对齐该特征。

图 4-33 操作步骤框

⑤ 在设定完成的情况下，单击"完成"按钮，PropertyManager 设计树中的内容清除，而且为下一爆炸步骤作准备，如图 4-33 所示。

⑥ 根据需要生成更多爆炸步骤，为每一个零件部件或一组零件部件重复这些步骤，在定义每一步骤后，单击"完成"按钮。

⑦ 当对此爆炸视图满意时，单击 ✔（确定）按钮，如图 4-34 所示为生成的爆炸图。

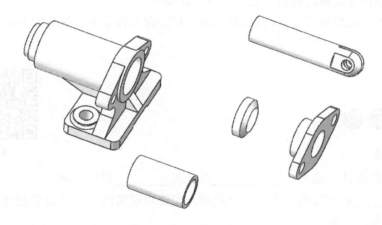

图 4-34 爆炸图

（3）编辑爆炸 如果对生成的爆炸图并不满意，可以对其进行修改，具体的操作步骤如下。

① 在 PropertyManager 设计树的爆炸步骤下，选择所要编辑的爆炸步骤，单击鼠标右键，在弹出的快捷菜单中选择"编辑步骤"。

此时在视图中，爆炸步骤中的要爆炸的零部件为绿色高亮显示，爆炸方向及拖动控标绿色三角形出现。

② 可在 PropertyManager 设计树中编辑相应的参数，或拖动绿色控标来改变距离参数，直到零部件达到所想要的位置为止。

③ 改变要爆炸的零部件或要爆炸的方向，单击相对应的方框，然后选择或取消选择所要的项目。

④ 要清除所爆炸的零部件并重新选择，在图形区域选择该零件后单击鼠标右键，再选择清除选项。

⑤ 撤销对上一个步骤的编辑，单击"撤销"按钮 ↰。

⑥ 编辑每一个步骤之后，单击"应用"按钮。

⑦ 要删除一个爆炸视图的步骤，在操作步骤下单击鼠标右键，在弹出的快捷菜单中选择"删除"命令 ✖ 。

⑧ 单击 ✔ （确定）按钮，即可完成爆炸视图的修改。

（4）解除爆炸　爆炸视图保存在生成它的装配体配置中，每一个装配体配置可以有一个爆炸视图，如果要解除爆炸视图，可采用下面的步骤。

① 单击所需配置旁边的 ⊞ ，及在爆炸视图特征旁单击以查看爆炸步骤。

② 欲爆炸视图，采用下面任意一种方法。

◆ 双击爆炸视图特征。

◆ 用右键单击爆炸视图特征，然后选择爆炸。

◆ 用右键单击爆炸视图特征，然后选择动画爆炸在装配体爆炸时显示动画控制器弹出工具栏。

③ 若想解除爆炸，采用下面的任意一种方法，解除爆炸状态，恢复装配体原来的状态。

◆ 双击爆炸视图特征。

◆ 用右键单击爆炸视图特征，然后选择解除爆炸。

◆ 用右键单击爆炸视图特征，然后选择动画解除爆炸在装配体爆炸时显示动画控制器弹出工具栏。

## 任务拓展

**1. 知识考核**

4.1

（1）装配体的设计方法有：_____设计和_____设计两种。

（2）_____是碰撞检查中的一个选项，允许以现实的方式查看装配体零部件的移动。

（3）在标准配合下有_____ 、_____、_____、_____、同轴心、_____和_____等配合。

（4）对于装配体零件，有三种压缩状态：_____ 、_____及_____三种，其中_____是装配体零部件的正常状态。

（5）在装配体中创建爆炸，简单介绍其操作步骤；若想解除装配体的爆炸状态，可以采用哪些方法？

（6）零件装配好以后，要进行装配体的干涉检查。利用干涉检查以后可以检查哪些内容？并简单介绍如何对装配体进行检查？

（7）制作装配体需要按照装配的过程，依次插入相关零件，有哪些方法可以将零部件添加到一个新的或现有的装配体？

**2. 技能考核**

（1）将本章中的实例按操作步骤所示重新装配。

（2）利用位于 SolidWorks 安装目录>\samples\tutorial\AssemblyMates 文件夹中的零部件（如图 4-35 所示）进行如下装配体（如图 4-36 所示）的安装。

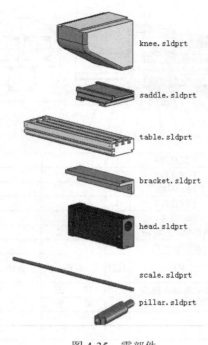

图 4-35　零部件

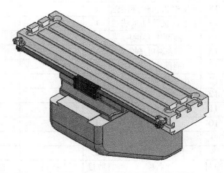

图 4-36　将要生成的装配体

# 任务 4.2　工业机器人腕部装配

### 知识点

◎ 固定零部件、装配体显示状态、爆炸视图、配合关系等基本命令。

◎ 重合、同心、距离等配合关系各参数含义。

◎ 添加零部件、旋转/平移零部件。

### 技能点

◎ 熟练掌握零件定位、爆炸视图以及自底向上的装配方法和相关命令。

◎ 掌握应用 SoildWorks 仿真装配模块完成产品的虚拟装配的基本技能。

◎ 掌握装配的操作步骤。

### 任务描述

本任务要完成的工业机器人腕部部件及其装配如图 4-37 所示。通过本任务的学习，使读者能熟练掌握零件定位、爆炸视图以及自底向上的装配方法和相关命令，掌握应用 SoildWorks 仿真装配模块完成产品的虚拟装配的基本技能。

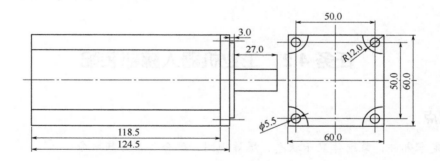

| 序号 | 名称 | 数量 | 材料 | 备注 | 序号 | 名称 | 数量 | 材料 | 备注 |
|---|---|---|---|---|---|---|---|---|---|
| 18 | 手腕电机齿轮连接轴 | 1 | | | 7 | 手腕直齿4 | 1 | | |
| 17 | 小手臂旋转轴承法兰 | 1 | | | 6 | 手腕直齿3 | 2 | | |
| 16 | 腕部中心轴1 | 1 | | | 5 | 手腕6002轴承 | 2 | | |
| 15 | 腕部中心轴2 | 1 | | | 4 | 手腕直齿2 | 1 | | |
| 14 | 腕部中心轴3 | 1 | | | 3 | 手腕直齿1 | 1 | | |
| 13 | 小手臂骨架油封 | 1 | | | 2 | 腕部电机齿轮箱 | 1 | | |
| 12 | 小手臂旋转后法兰 | 1 | | | 1 | 旋转臂电机 | 3 | | |
| 11 | 小手臂旋转法兰 | 1 | | | 序号 | 名称 | 数量 | 材料 | 备注 |
| 10 | 轴承衬套 | 1 | | | | 工业机器人腕部装配图 | 比例 | 共 张 | |
| 9 | 轴承1 | 2 | | | | | | 第 张 | |
| 8 | 手腕61908轴承 | 2 | | | 制图 | | | | |
| 序号 | 名称 | 数量 | 材料 | 备注 | 审核 | | | | |

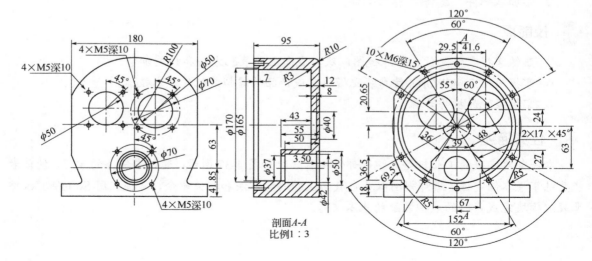

1 旋转臂电机

剖面A-A
比例1:3

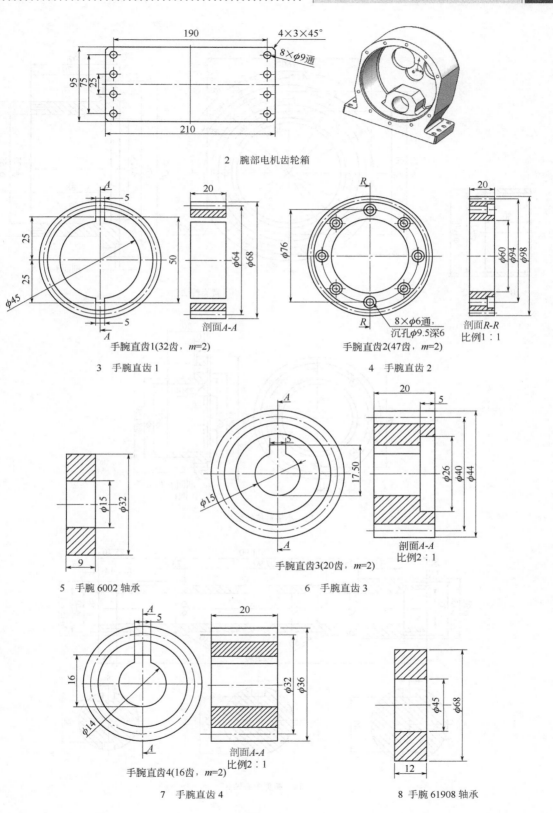

2 腕部电机齿轮箱

手腕直齿1(32齿，$m=2$)

3 手腕直齿 1

手腕直齿2(47齿，$m=2$)

$8×\phi6$通，
沉孔$\phi9.5$深6

剖面$R$-$R$
比例1：1

4 手腕直齿 2

5 手腕 6002 轴承

手腕直齿3(20齿，$m=2$)

剖面$A$-$A$
比例2：1

6 手腕直齿 3

手腕直齿4(16齿，$m=2$)

剖面$A$-$A$
比例2：1

7 手腕直齿 4

8 手腕 61908 轴承

图 4-37

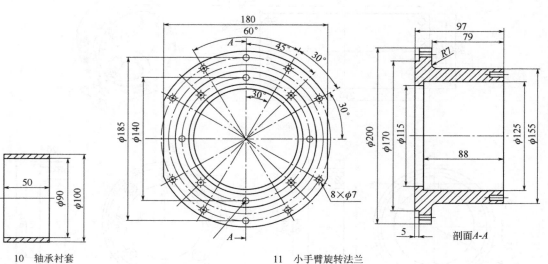

10　轴承衬套

11　小手臂旋转法兰

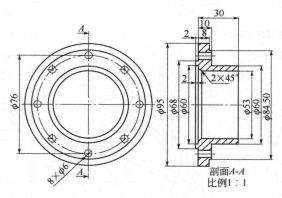

12　小手臂旋转后法兰

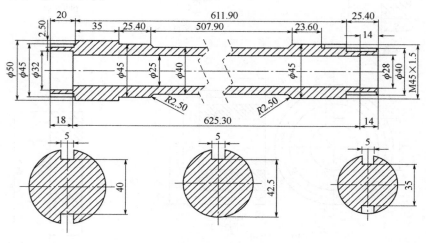

14　腕部中心轴3

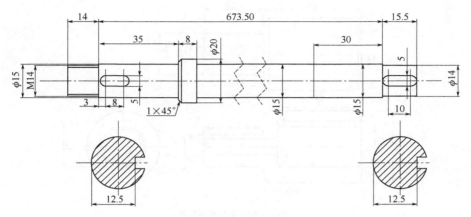

15 腕部中心轴 2

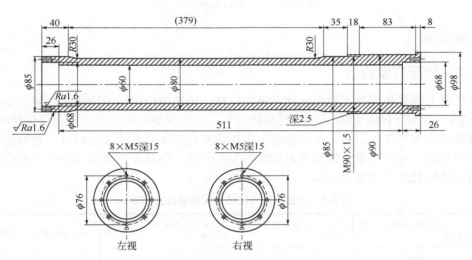

16 腕部中心轴 1

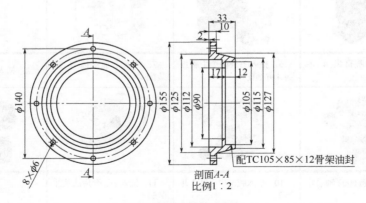

剖面A-A
比例1:2

17 小手臂旋转轴承法兰

图 4-37

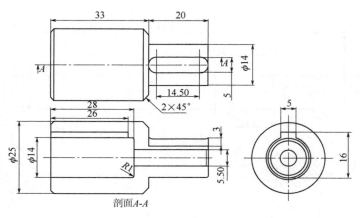

18　手腕电机齿轮连接轴

图 4-37　工业机器人腕部装配图

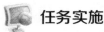 **任务实施**

### 4.2.1　装配方案设计

　　工业机器人腕部装配体主要由腕部电机齿轮箱、旋转臂电机、手腕直齿、腕部中心轴、手腕 6002 轴承、手腕 61908 轴承、小手臂旋转法兰、小手臂旋转后法兰、小手臂旋转轴承法兰、小手臂骨架油封等零部件组成，其中腕部电机齿轮箱是整个装配的基础部件，它的位置是其他零件定位的基础，应该首先将腕部电机齿轮箱引入固定，然后依次添加零部件并配合，最后生成爆炸图。具体装配方案见表 4-2。

表 4-2　工业机器人腕部装配体装配方案设计

| 步骤 | 1. 插入腕部电机齿轮箱并固定 | 2. 插入 3 个旋转臂电机并装配 | 3. 插入齿轮连接轴并装配 | 4. 插入齿轮连接轴 2 并装配 |
|---|---|---|---|---|
| 图示 | | | | |
| 步骤 | 5. 插入手腕直齿 4 并装配 | 6. 插入另外两个手腕直齿 4 并装配 | 7. 插入手腕直齿 3 并装配 | 8. 插入腕部中心轴 2 并装配 |
| 图示 | | | | |
| 步骤 | 9. 插入手腕 6002 轴承并装配 | 10. 插入腕部中心轴 3 并装配 | 11. 插入小手臂后法兰并装配 | 12. 插入手腕 61908 轴承并装配 |
| 图示 | | | | |

续表

| 步骤 | 13. 插入腕部中心轴 1 并装配 | 14. 插入轴承 1 并装配 | 15. 插入轴承隔套并装配 | 16. 插入轴承 1 并装配 |
|---|---|---|---|---|
| 图示 | | | | |
| 步骤 | 17. 插入小手臂旋转法兰并装配 | 18. 插入小手臂旋转轴承法兰并装配 | 19. 插入小手臂骨架油封并装配 | 20. 完成装配 |
| 图示 | | | | |

### 4.2.2 参考操作步骤

（1）新建文件　文件名：工业机器人腕部装配体。单位：mm。文件存储位置为 E:盘根目录。

（2）插入腕部电机齿轮箱　单击工具栏上的"插入零部件"命令 ![插入零部件] 浏览并找到欲插入的文件，单击"确定"按钮后完成，如图 4-38 所示。

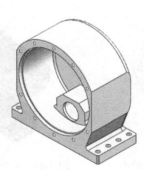

图 4-38　插入腕部电机齿轮箱

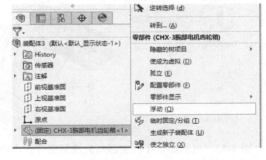

图 4-39　右键菜单进行"浮动"与"固定"转换

系统自动将第一个插入的零件设为"固定"，即后面所有插入的零件都是以此为基准进行配合，也可以在其右键菜单里选择"浮动"命令，将其改为可以活动的零件，如图 4-39 所示。

注意："固定"方式，即完全定义；"浮动"方式，可以随意移动或旋转。二者通过右键快捷菜单中的相应命令进行转换。

（3）插入"旋转臂电机"并添加与"腕部电机齿轮箱"的配合关系　如果添加的零件位置不合适，可以通过"移动零部件" ![移动零部件] 或者"旋转零部件" ![旋转零部件] 来调整它的位置方位。

① 单击工具栏上"配合"命令 ![配合] 为"旋转臂电机"轴外表面与"腕部电机齿轮箱"孔内表面添加"同轴心"约束关系，如图 4-40 所示。

② 为"旋转臂电机"端面与"腕部电机齿轮箱"端面添加"重合"约束关系，如图 4-41 所示。

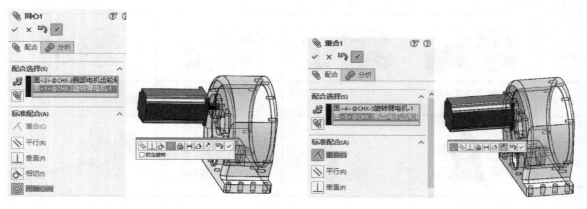

图 4-40    电机轴外表面与齿轮箱孔内表面同轴心          图 4-41    电机与齿轮箱端面重合

③ 为"旋转臂电机"端面螺钉孔与"腕部电机齿轮箱"端面螺钉孔添加"同轴心"约束关系，如图 4-42 所示。

④ 以同样的方法，插入另外两个旋转臂电机，并添加装配约束关系，完成旋转臂电机的装配，如图 4-43 所示。

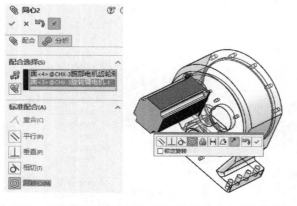

图 4-42    电机螺钉孔内表面与齿轮箱螺钉孔内表面同轴心          图 4-43    3 个电机与齿轮箱装配后效果

（4）插入"齿轮连接轴"并添加与"旋转臂电机"的配合关系

① 单击工具栏上"配合"命令 ，为"齿轮连接轴"轴孔内表面与"旋转臂电机"轴外表面添加"同轴心"约束关系，如图 4-44 所示。

② 为"齿轮连接轴"内孔阶梯端面与"旋转臂电机"端面添加"重合"约束关系，如图 4-45 所示。

（5）插入"齿轮连接轴 2"并添加与"旋转臂电机"的配合关系

① 单击工具栏上"配合"命令 ，为"齿轮连接轴 2"轴孔内表面与"旋转臂电机"轴外表面添加"同轴心"约束关系，如图 4-46 所示。

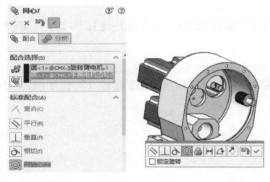
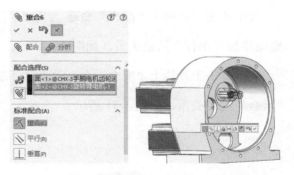

图 4-44　连接轴孔内表面与电机轴外表面同轴心　　　　图 4-45　连接轴内孔阶梯端面与电机轴端面重合

　　② 为"齿轮连接轴 2"内孔阶梯端面与"旋转臂电机"端面添加"重合"约束关系，如图 4-47 所示。

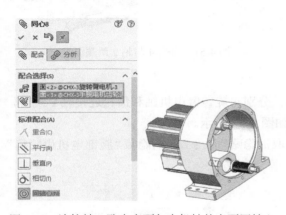

图 4-46　连接轴 2 孔内表面与电机轴外表面同轴心　　　图 4-47　连接轴 2 内孔端面与电机轴端面重合

　　（6）插入"手腕直齿 4"并添加与"齿轮连接轴 2"的配合关系

　　① 在右键快捷菜单中或是在状态树中选择"隐藏"命令，隐藏"腕部电机齿轮箱"零件，如图 4-48 所示。

　　② 单击工具栏上"配合"命令 ，为"手腕直齿 4"轴孔内表面与"齿轮连接轴 2"轴外表面添加"同轴心"约束关系，如图 4-49 所示。

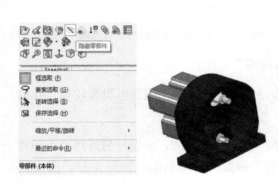
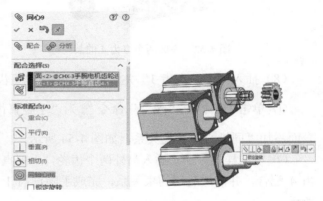

图 4-48　隐藏"腕部电机齿轮箱"零件　　　图 4-49　手腕直齿 4 轴孔内表面与连接轴 2 轴外表面同轴心

③ 单击工具栏上"配合"命令 ![配合] 为"手腕直齿 4"轴键槽底面与"齿轮连接轴 2"孔键槽底面添加"平行"约束关系，如图 4-50 所示。

④ 单击工具栏上"配合"命令 ![配合] 为"手腕直齿 4"轴端面与"齿轮连接轴 2"孔端面添加"重合"约束关系，如图 4-51 所示。

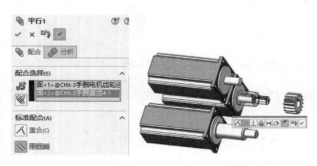

图 4-50　直齿 4 轴键槽底面与轴 2 孔键槽底面平行

图 4-51　直齿 4 与轴 2 两端面重合

（7）完成另外两个手腕直齿 4 的装配

① 以同样的方法，插入另外两个手腕直齿 4，分别与旋转臂电机轴和齿轮连接轴 2 配合，并添加装配约束关系，完成手腕直齿 4 的装配，如图 4-52 所示。

② 在右键快捷菜单中或是在状态树中选择"取消隐藏"命令，取消隐藏"腕部电机齿轮箱"零件，如图 4-53 所示。

图 4-52　完成两个直齿 4 的装配

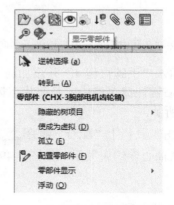

图 4-53　取消腕部电机齿轮箱隐藏

（8）插入"手腕直齿 3"并添加与"腕部电机齿轮箱"的配合

① 单击工具栏上"配合"命令 ![配合] 为"手腕直齿 3"孔内表面与"腕部电机齿轮箱"孔内表面添加"同轴心"约束关系，如图 4-54 所示。

② 以同样的方法，插入另外两个齿轮，手腕直齿 1 和手腕直齿 2，分别与另外两个手腕直齿 4 配合，并添加装配约束关系，完成手腕直齿 1 和手腕直齿 2 的装配，如图 4-55、图 4-56 所示。

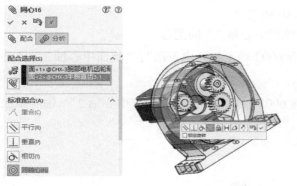

图 4-54　直齿 3 与齿轮箱孔同轴心

图 4-55　直齿 3 与直齿 4 端面重合

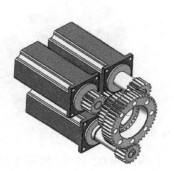
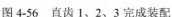

图 4-56　直齿 1、2、3 完成装配

图 4-57　中心轴 2 外表面与手腕直齿 3 内表面同轴心

（9）插入"腕部中心轴 2"并添加与"手腕直齿 3"的配合

① 单击工具栏上"配合"命令　为"腕部中心轴 2"轴端部外圆表面与"手腕直齿 3"孔内表面添加"同轴心"约束关系，如图 4-57 所示。

② 单击工具栏上"配合"命令　为"腕部中心轴 2"轴端面与"手腕直齿 3"端面添加"距离为 2"约束关系，如图 4-58 所示。

图 4-58　中心轴 2 端面与手腕直齿 3 端面距离约束　　　图 4-59　隐藏手腕直齿 1、手腕直齿 2

③ 隐藏手腕直齿 1 与手腕直齿 2，如图 4-59 所示。

（10）插入"手腕 6002 轴承"并添加与"腕部中心轴 2"的配合

① 单击工具栏上"配合"命令 ⚙配合 为"手腕 6002 轴承"孔内表面与"腕部中心轴 2"轴外表面添加"同轴心"约束关系，如图 4-60 所示。

② 单击工具栏上"配合"命令 ⚙配合 为"手腕 6002 轴承"端面与"腕部中心轴 2" 轴肩添加"重合"约束关系，如图 4-61 所示。

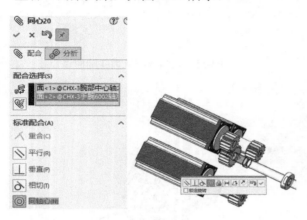

图 4-60　6002 孔内表面与中心轴 2 外表面同轴心

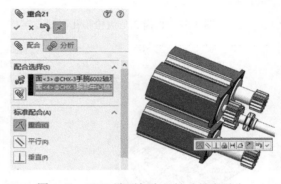

图 4-61　6002 端面与中心轴 2 轴肩重合

③ 同样的方法，添加另外一个腕部 6002 轴承，如图 4-62 所示。

（11）插入"腕部中心轴 3"并添加与"腕部 6002 轴承"的配合

① 单击工具栏上"配合"命令 ⚙配合 为"腕部中心轴 3"孔内表面与"腕部 6002 轴承"轴外表面添加"同轴心"约束关系，如图 4-63 所示。

② 单击工具栏上"配合"命令 ⚙配合 为"腕部中心轴 3"轴端面与"腕部 6002 轴承"端面添加"重合"约束关系，如图 4-64 所示。

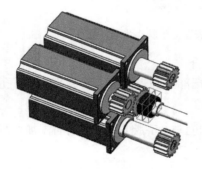

图 4-62　添加另外一个腕部
6002 轴承装配

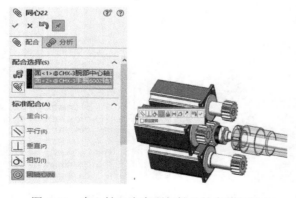

图 4-63　中心轴 3 内表面与轴承外表面同轴心

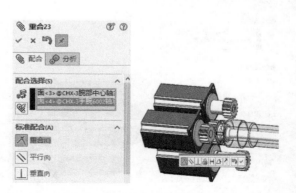

图 4-64　中心轴 3 端面与轴承端面重合

③ 取消隐藏手腕直齿 1 与手腕直齿 2。

（12）插入"小手臂后法兰"并添加与"手腕直齿 2"的配合

① 单击工具栏上"配合"命令 为"小手臂后法兰"轴外表面与"手腕直齿 2"孔内表面添加"同轴心"约束关系，如图 4-65 所示。

② 单击工具栏上"配合"命令 为"小手臂后法兰"轴端面与"手腕直齿 2"端面添加"重合"约束关系，如图 4-66 所示。

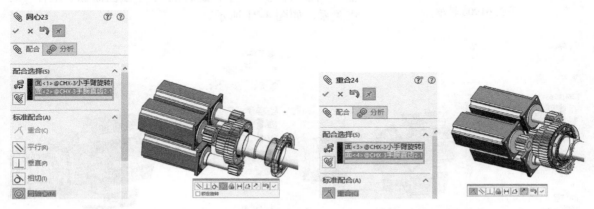

图 4-65　小手臂后法兰外表面与直齿 2 内表面同轴心　　　图 4-66　小手臂后法兰与直齿 2 端面重合

（13）插入"手腕 61908 轴承"并添加与"腕部中心轴 3"的配合

① 单击工具栏上"配合"命令 为"手腕 61908 轴承"孔内表面与"手腕直齿 2"轴外表面添加"同轴心"约束关系，如图 4-67 所示。

② 单击工具栏上"配合"命令 为"手腕 61908 轴承"轴端面与"小手臂旋转法兰"端面添加"重合"约束关系，如图 4-68 所示。

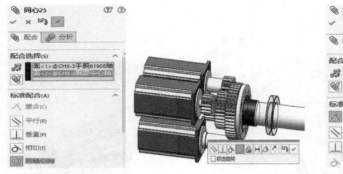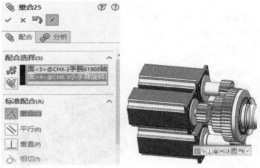

图 4-67　轴承内表面与中心轴 3 外表面同轴心　　　图 4-68　轴承端面与小手臂旋转法兰端面重合

③ 以相同方法添加另一个手腕 61908 轴承与腕部中心轴 3 配合，如图 4-69 所示。

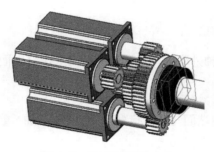

图 4-69　完成装配另一个
手腕 61908 轴承

（14）插入"添加腕部中心轴 1"并添加与"手腕 61908 轴承"的配合

① 单击工具栏上"配合"命令 配合 为"添加腕部中心轴 1"孔内表面与"手腕 61908 轴承"轴外表面添加"同轴心"约束关系，如图 4-70 所示。

② 单击工具栏上"配合"命令 配合 为"添加腕部中心轴 1"轴端面与"小手臂旋转法兰"端面添加"重合"约束关系，如图 4-71 所示。

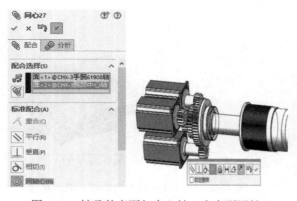

图 4-70　轴承外表面与中心轴 1 内表面同轴心

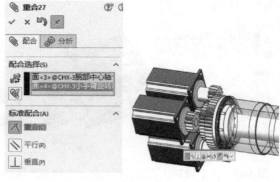

图 4-71　旋转后法兰端面与中心轴 1 端面重合

（15）插入"轴承 1"并添加与"腕部中心轴 1"的配合

① 单击工具栏上"配合"命令 配合 为"轴承 1"孔内表面与"腕部中心轴 1"轴外表面添加"同轴心"约束关系，如图 4-72 所示。

② 单击工具栏上"配合"命令 配合 为"轴承 1"轴端面与"腕部中心轴 1"端面添加"重合"约束关系，如图 4-73 所示。

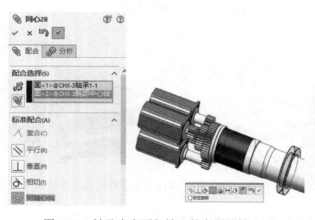

图 4-72　轴承内表面与轴 1 外表面同轴心

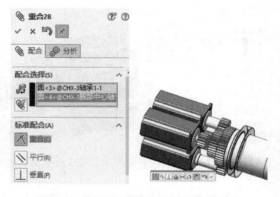

图 4-73　轴承端面与中心轴 1 轴肩重合

（16）插入"轴承隔套"并添加与"腕部中心轴 1"的配合

① 单击工具栏上"配合"命令![配合]为"轴承隔套"孔内表面与"腕部中心轴 1"轴外表面添加"同轴心"约束关系，如图 4-74 所示。

② 单击工具栏上"配合"命令![配合]为"轴承隔套"轴端面与"轴承 1"端面添加"重合"约束关系，如图 4-75 所示。

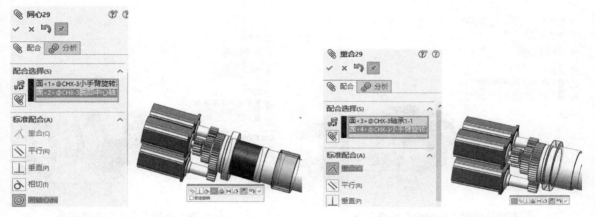

图 4-74　轴承隔套内表面与中心轴 1 外表面同轴心　　　图 4-75　轴承隔套端面与轴承 1 端面重合

（17）插入"轴承 1"并添加与"轴承隔套"的配合

① 单击工具栏上"配合"命令![配合]为"轴承 1"孔内表面与"轴承隔套"轴外表面添加"同轴心"约束关系，如图 4-76 所示。

② 单击工具栏上"配合"命令![配合]为"轴承 1"轴端面与"轴承隔套" 端面添加"重合"约束关系，如图 4-77 所示。

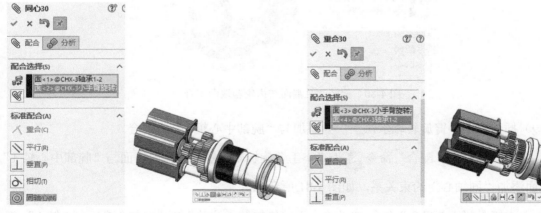

图 4-76　中心轴 1 外表面与轴承 1 内表面同轴心　　　图 4-77　轴承隔套端面与轴承 1 端面重合

③ 取消隐藏腕部电机齿轮箱。

（18）插入"小手臂旋转法兰"并添加与"腕部电机齿轮箱"的配合

① 单击工具栏上"配合"命令 为"小手臂旋转法兰"轴外表面与"腕部电机齿轮箱"外表面添加"同轴心"约束关系，如图 4-78 所示。

② 单击工具栏上"配合"命令 为"小手臂旋转法兰"平面与"腕部电机齿轮箱"平面添加"重合"约束关系，如图 4-79 所示。

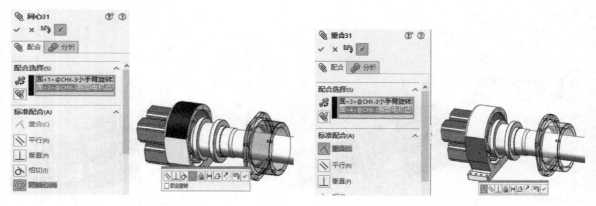

图 4-78　添加"同轴心"约束关系　　　　　　　图 4-79　添加"重合"约束关系

③ 单击工具栏上"配合"命令 为"小手臂旋转法兰"端面与"腕部电机齿轮箱"端面添加"重合"约束关系，如图 4-80 所示。

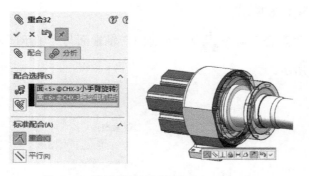

图 4-80　旋转法兰端面与齿轮箱端面重合

（19）插入"小手臂旋转轴承法兰"并添加与"腕部中心轴 1"的配合

① 单击工具栏上"配合"命令 为"小手臂旋转轴承法兰"孔内表面与"腕部中心轴 1"轴外表面添加"同轴心"约束关系，如图 4-81 所示。

② 单击工具栏上"配合"命令 为"小手臂旋转轴承法兰"轴端面与"腕部中心轴 1"端面添加"重合"约束关系，如图 4-82 所示。

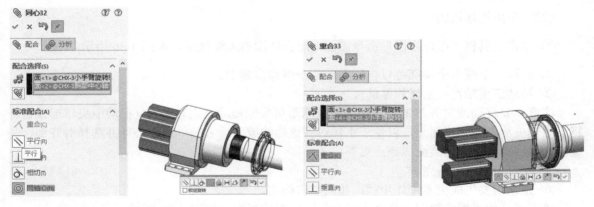

图 4-81　轴承法兰内表面与中心轴 1 外表面同轴心　　　图 4-82　轴承法兰端面与旋转法兰端面重合

（20）插入"小手臂骨架油封"并添加与"腕部中心轴 1"的配合

① 单击工具栏上"配合"命令 配合 为"小手臂骨架油封"孔内表面与"腕部中心轴 1"轴外表面添加"同轴心"约束关系，如图 4-83 所示。

② 单击工具栏上"配合"命令 配合 为"小手臂骨架油封"轴端面与"腕部中心轴 1"端面添加"重合"约束关系，如图 4-84 所示。

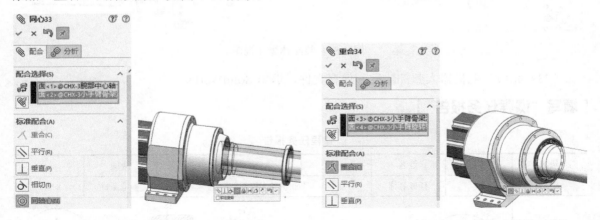

图 4-83　骨架油封内表面与中心轴外表面同轴心　　　图 4-84　骨架油封端面与轴承法兰端面重合

（21）完成工业机器人腕部装配体装配　如图 4-85 所示。

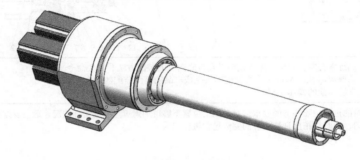

图 4-85　工业机器人腕部装配体

（22）生成爆炸视图

① 单击工具栏"爆炸视图"命令 ，为配合件添加爆炸视图，如图 4-86 所示。

② 选取一个或多个零部件以包括在第一个爆炸步骤中。

③ 拖动三重轴臂杆来爆炸零部件。

注意：要移动或对齐三重轴。拖动中央球形可来回拖动三重轴；Alt+拖动中央球形或臂杆将三重轴丢放在边线或面上，以使三重轴对齐该边线或面；右键单击中心球并选择对齐到、与零部件原点对齐、或与装配体原点对齐。

④ 在设定下，单击完成。

⑤ 根据需要生成更多爆炸步骤，然后单击确定。

单击工具栏"爆炸视图"命令为配合件添加爆炸视图，如图 4-86 所示。

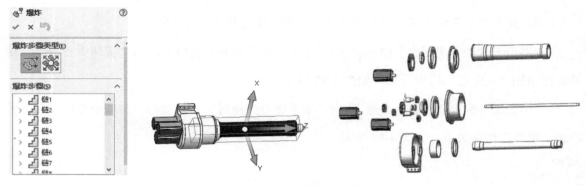

图 4-86　装配体爆炸视图

（23）完成工业机器人腕部装配　保存文件，退出 SolidWorks。

## 【填写"课程任务报告"】

### 课程任务报告

| 班级 | | 姓名 | | 学号 | | 成绩 | |
|---|---|---|---|---|---|---|---|
| 组别 | | 任务名称 | 工业机器人腕部装配 | | | 参考课时 | 8 学时 |
| 任务图样 | | | | | | | |
| 任务要求 | 1．熟练掌握零件定位、爆炸视图以及自底向上的装配方法和相关命令<br>2．掌握应用 SoildWorks 仿真装配模块完成产品的虚拟装配的基本技能<br>3．掌握装配的操作步骤 | | | | | | |
| 任务完成过程记录 | 总结的过程按照任务的要求进行，如果位置不够可加附页（根据实际情况，适当安排拓展任务供同学分组讨论学习，此时以拓展训练内容的完成过程进行记录） | | | | | | |

## 【知识学习】

### 1. 镜像零部件

可以通过镜像现有的零部件（零件或子装配体）来添加零部件。新零部件可以是源零部件的复制版本或相反方位版本。

（1）复制版本与相反方位版本之间的生成差异包括以下各项。

◆ 源零部件的新实例将添加到装配体，不会生成新的文档或配置。

◆ 复制零部件的几何体与源零部件完全相同，只有零部件方位不同，如图 4-87 所示。

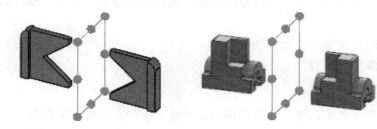

图 4-87　镜像零部件示例

（2）镜像零部件范例。

在此装配体中，子装配体（钳夹和支座）已被镜像。支座的相反方位版本已被创建，因此钳夹位于正确的边上。由于钳夹的几何体无需更改，因此创建了复制的钳夹，如图 4-88 所示。

### 2. 圆周零部件阵列

可以在装配体中生成一零部件的圆周阵列。

欲生成零部件的圆周阵列：单击圆周零部件阵列图标⊞（装配体工具栏）或依次点击"插入" > "零部件阵列" > "圆周阵列"。

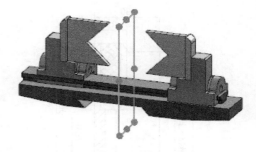

图 4-88　镜像零部件示例

在 PropertyManager 中，设置参数如下。

① 对于阵列轴，选择以下之一：圆形边线或草图直线 、线性边线或草图直线、圆柱面或曲面、旋转面或曲面 、阵列绕此轴旋转。

② 如有必要，单击反向 ↻ 。为角度⬚输入值。此为实例中心之间的圆周数值。选择等间距将角度⬚设定为 360°。可将数值更改到一不同角度。实例会沿总角度均等放置。

③ 在要阵列的零部件 ⬚ 中单击，然后选择源零部件。

④ 若想跳过实例，在要跳过的实例⬚中单击，然后在图形区域选择实例的预览。当指针位于图形区域中的预览上时形状将变为 ⬚ 。

⑤ 欲恢复实例，选择要跳过的实例框中的实例然后按 Delete 键。

⑥ 单击 ✓（确定）按钮。

根据默认，所有实例均使用与源零部件相同的配置。若想更改配置，编辑实例的零部件属性。

4.2

**1. 知识考核**

（1）镜像所得零部件与原零件关于一平面或直线对称。（　　）

（2）复制零部件的几何体与源零部件完全相同。（　　）

（3）圆周阵列的轴线为圆形边线或草图直线、线性边线或草图直线、圆柱面或曲面、旋转面或曲面等。（　　）

（4）圆周阵列的总角度不能超过 360°。（　　）

（5）简述圆周阵列的步骤。

**2. 技能考核**

（1）根据给定各零件图，建立其三维模型。文件名按给定零件名称存盘。

（2）参照给定的装配示意图，如图 4-89 所示。建立其三维装配模型。装配模型以"定滑轮装配"命名存盘。

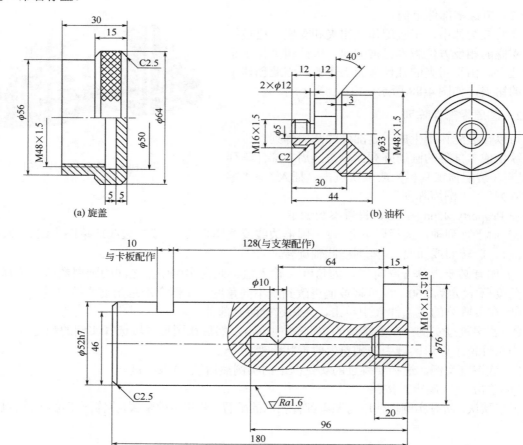

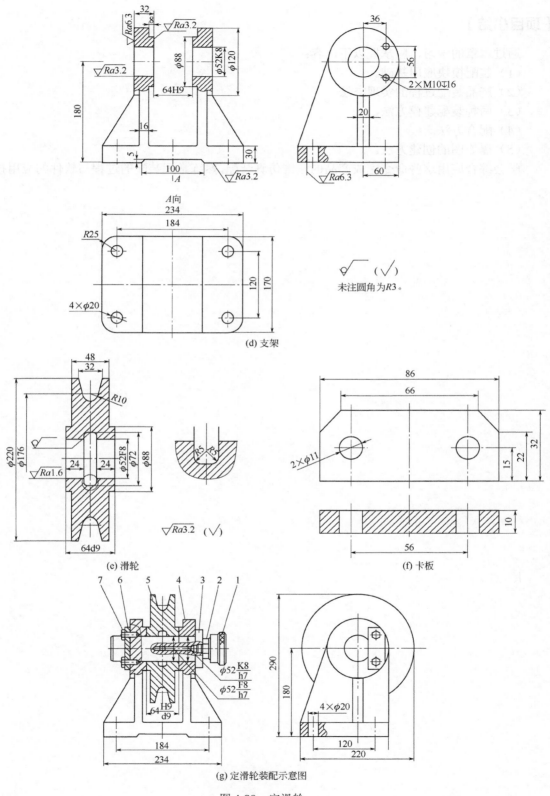

(d) 支架

(e) 滑轮

(f) 卡板

未注圆角为R3。

(g) 定滑轮装配示意图

图 4-89　定滑轮

## 【项目小结】

通过本章的学习，应掌握以下内容：

（1）装配模块应用基础。

（2）产品装配过程的实现方法。

（3）两种装配建模方法。

（4）配合方法。

（5）爆炸图的创建方法。

学会综合应用这些命令完成产品的三维仿真装配，熟练掌握装配的过程与软件的应用技巧。

项目五 ▶▶▶

# 工业机器人零部件
# 工程图设计

## 【项目教学导航】

| 学习目标 | 培养学生利用 SolidWorks 将创建的零件模型或装配实体模型创建为工程图的能力 | | | |
|---|---|---|---|---|
| 项目要点 | ※ 建立和编辑图纸<br>※ 在图纸中添加模型视图和其他视图，调整视图布局，修改视图显示<br>※ 视图标注功能 | | | |
| 重点难点 | 工程图的设置、编辑及标注 | | | |
| 学习指导 | 学习本项目时要注意：在实际生产中用来指导生产的主要技术文件并不是前面介绍的三维零件模型和装配体模型，而是工程图。那么，如何对工程图进行设置、编辑及标注才能够使生成的工程图符合我国的国家标准及视图表达习惯呢？需要在学习中结合工程制图相关知识通过不断练习，才能够达到要求 | | | |
| 教学安排 | 任务 | 教学内容 | 学时 | 作业 |
| | 任务 5.1 | 工业机器人轴类零件工程图 | 4 | 任务 5.1 附带知识考核、技能考核 |
| | 任务 5.2 | 工业产品装配工程图设计 | 4 | 任务 5.2 附带知识考核 |

## 【项目简介】

在实际中用来指导生产的主要技术文件并不是前面介绍的三维零件图和装配体图，而是二维工程图。SolidWorks 2016 可以使用二维几何绘制生成工程图，也可将三维的零件图或装配体图变成二维的工程图。零件、装配体和工程图是互相链接的文件。通过对零件或装配体所作的任何更改会导致工程图文件的相应变更。

SolidWorks 2016 平面工程图与三维实体模型完全相关，实体模型的尺寸、形状及位置的任何变化都会引起平面工程图的相应更新，更新过程可由用户控制；支持设计员与绘图员的协同工作，本项目主要介绍三维零件图直接生成工程图的方法。

## 任务 5.1　工业机器人轴类零件工程图

 知识点

◎ 图纸格式、生成视图、剖面视图、中心线与中心符号线等基本命令。

◎ 表面粗糙度、注释、系统选项等各参数含义。

## 技能点

◎ 熟练使用工程视图、视图布局、尺寸标注、剖视图等完成工程图方案设计。
◎ 能进行标注表面粗糙度、注释以及设置系统选项。
◎ 掌握工程图设计的操作步骤。

## 任务描述

本任务要完成的工程图如图 5-1 所示。通过本任务的学习，使读者能够熟练掌握创建工程视图、视图布局、尺寸标注、剖视图、几何公差、实用符号等相关命令的应用，能够掌握工程图的创建方法及技巧。

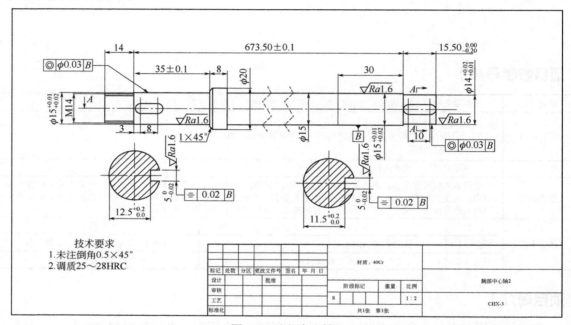

图 5-1　腕部中心轴 2

## 任务实施

### 5.1.1　造型方案设计

打开制图模块设置制图参数，生成视图，制作剖视图和局部视图，尺寸标注，注释标记，实用符号，表面粗糙度，公差标注，标注基准等。具体造型方案见表 5-1。

表 5-1　腕部中心轴 2 工程图方案设计

| 步骤 | 1. 建立工程图图纸幅面 | 2. 建立零件基本视图 | 3. 调整视图位置及图纸、视图比例 |
|------|----------------------|---------------------|-------------------------------|
| 图示 |  | | |

续表

| 步骤 | 4. 建立零件辅助视图 | 5. 绘制中心符号与中心线 | 6. 标注尺寸 |
|---|---|---|---|
| 图示 | 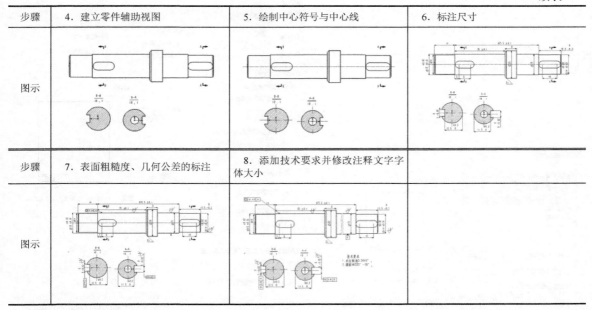 | | |

| 步骤 | 7. 表面粗糙度、几何公差的标注 | 8. 添加技术要求并修改注释文字字体大小 | |
|---|---|---|---|
| 图示 | | | |

## 5.1.2 参考操作步骤

### 1. 建立工程图图纸幅面

（1）单击新建按钮，弹出新建 SolidWorks 文件对话框，如图 5-2 所示，选择工程图，点击确定按钮，建立工程图文档。系统将弹出一个使用工程图图纸格式的对话框，如图 5-3 所示。

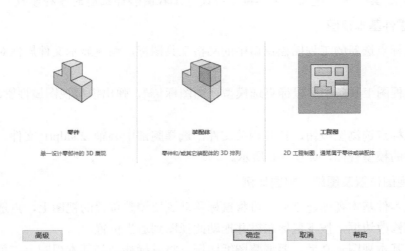

图 5-2 新建 SolidWorks 文件对话框

（2）在对话框中对工程图图纸格式进行选择，点选确定，系统将开启设置一个新的工程图文档窗口，如图 5-4 所示。

图 5-3 工程图图纸格式对话框　　　　　图 5-4 工程图文档窗口

**注意:**

① 在图纸的绘图区单击右键,在弹出的快捷菜单中选择 属性...(M) 命令,在弹出的"图纸属性"对话框中设置投影类型、图纸大小、绘图比例等参数。

② 在图纸的绘图区单击右键,在弹出的快捷菜单中选择"编辑图纸格式"命令可以更改标题栏等图纸的格式和内容。

③ 通过"工具"→"选项"菜单命令来设置工程图和详细图的各种参数。

**2.建立零件基本视图**

(1)用鼠标点选新的工程图档窗口中的网格工具图标,系统显示文件属性对话框,进行必要的设置。

(2)在工程图工具条中用鼠标点选模型视图图标 ⬚ ,弹出模型视图属性管理器,如图 5-5 所示。

(3)用鼠标点选浏览按钮,打开相关文件,选择腕部中心轴 2.sldprt 文件。在工程图文档窗口生成零件的模型视图,如图 5-6 所示。

**3.调整视图位置及图纸、视图比例**

(1)轴类零件基本视图建立后,可将鼠标移动到要调整位置的视图上,点选鼠标左键,视图出现黑色可修改边框,按下鼠标左键并拖动此视图到适当位置。

(2)零件基本视图建立后,要调整图纸比例,将鼠标移动到基本视图上,可将鼠标移动到要调整位置的视图上,点选鼠标左键,出现工程视图属性管理器,如图 5-7 所示,点选比例下拉按钮,打开比例选项,如图 5-8 所示。点选自定义比例,即可调整图纸比例。将图 5-6 的比例修改为 10∶1,调整视图位置后,腕部中心轴 2 工程图如图 5-9 所示。

图 5-5　模型视图属性管理器

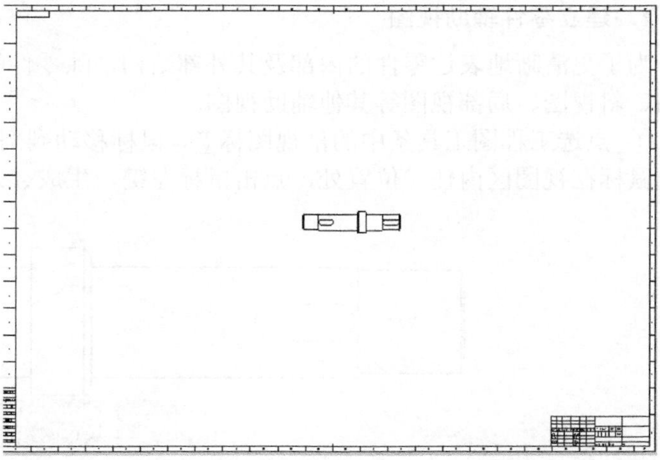

图 5-6　腕部中心轴 2 工程图

图 5-7　工程视图属性管理器

图 5-8　比例修改框

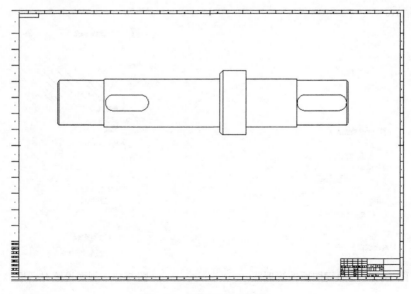

图 5-9　修改后的工程图

### 4. 建立零件辅助视图

为了更清晰地表达零件的内部及其外部结构，除零件的基本视图外，还可以利用零件的剖视图、斜视图、局部视图等其他辅助视图。

① 点选工程图工具条中的剖视图标 ⇄，鼠标移动到剖视处，绘制剖切线，如图 5-10 所示。移动鼠标在视图区内任一位置处，点击鼠标左键，生成 *A-A* 剖视图，如图 5-11 所示。

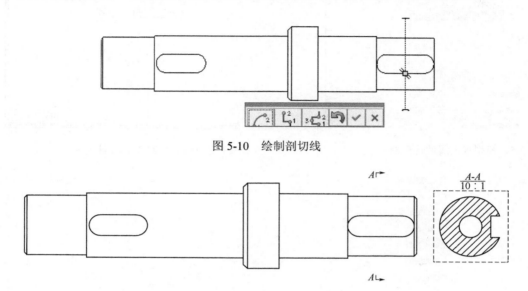

图 5-10　绘制剖切线

图 5-11　*A-A* 剖视图

② 鼠标点选剖切线，弹出剖面视图属性管理器，在剖切线对话框可以修改剖视方向。点选反转方向单选框，如图 5-12 所示。

③ 双击剖面线，弹出剖面线调整对话框，如图 5-13 所示，设置剖面线图像比例，设置结果如图 5-14 所示。

图 5-12　剖面视图属性管理器

图 5-13　剖面设置对话框

④ 再次应用"剖面视图"命令，作出 *B-B* 处的剖面视图。

⑤ 调整剖切视图的位置，鼠标左键单击剖切视图弹出对话框，依次选取"视图对齐">"解除对齐关系"，如图 5-15 所示，完成剖切视图的调整，如图 5-16 所示。

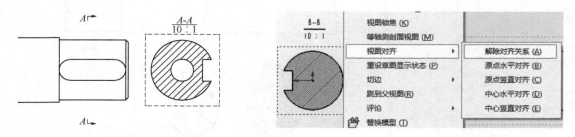

图 5-14　完成剖面线图像比例设置　　　　　　图 5-15　解除视图对齐

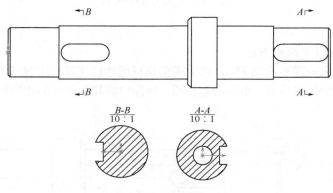

图 5-16　剖面视图

**5. 绘制中心符号与中心线**

（1）制作中心线。使用"特征"工具栏"中心线"工具按钮创建"中心线"特征，如图 5-17 所示（主要是对称直线）。

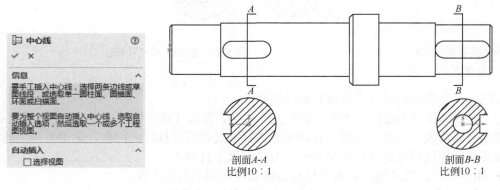

图 5-17　制作中心线

（2）制作中心符号线。使用"特征"工具栏"中心符号线"工具按钮创建"中心符号线"特征，如图 5-18 所示（主要是圆弧线）。

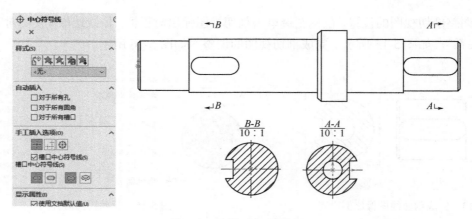

图 5-18　制作中心符号线

### 6. 标注尺寸

（1）尺寸标注有以下两种方法。

方法一：单击插入→模型选项 🎯 ，弹出模型项目属性管理器，如图 5-19 所示。在模型项目属性管理器中，点选所需选项后，单击确定按钮，视图中将显示零件的相应尺寸，如图 5-20 所示。

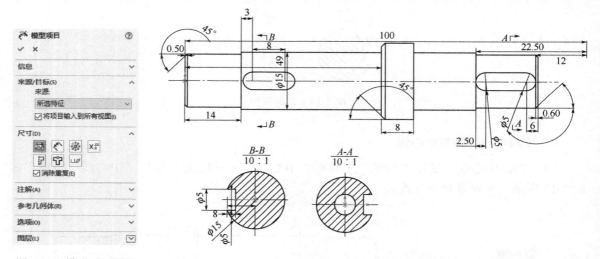

图 5-19　模型项目属性
　　　　管理器

图 5-20　自动生成尺寸标注

方法二：使用智能尺寸工具进行尺寸标注。

（2）对所标注尺寸进行标准化。由图 5-20 看到，在尺寸标注的第一种方法中所标尺寸混乱，必须做出适当修改。同时，绘制工程图必须按标准进行尺寸标注，因此，无论采用上述哪种方法都需要对所标注尺寸进行标准化修改。方法有以下几种。

◆ 用鼠标点选尺寸值，按着鼠标左键将其移动到适当的位置。

◆ 用鼠标点选尺寸值，按键盘上的 Delete 键，将其删除。

◆ 用鼠标点选尺寸值并按着鼠标左键，同时按 Shift 键，移动鼠标将其尺寸移动到适当的视图上。

◆ 用鼠标点选尺寸值并按着鼠标左键，同时按 Ctrl 键，移动鼠标将其尺寸复制到适当的视图上。

◆ 鼠标双击尺寸值后，弹出修改对话框，调整对话框中的数值，点选重建模型图标，修改尺寸。

**注意**：修改零件工程图的尺寸后，零件外形将随之改变。

（3）应用上述方法对尺寸进行修改，尺寸标准化后工程图如图5-21所示。

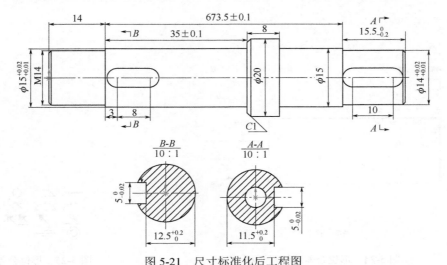

图5-21　尺寸标准化后工程图

**7. 表面粗糙度、几何公差的标注**

完成零件视图的尺寸标注后，进行零件的表面粗糙度、几何公差的标注。

（1）标注表面粗糙度

① 鼠标点选注解工具条的表面粗糙度命令按钮 √，弹出表面粗糙度属性管理器，如图5-22所示。

② 选择适当的表面粗糙度，移动鼠标到欲标注位置进行标注。

（2）标注形位公差

① 点选注解工具条中的形位公差图标 ▣▣，弹出形位公差属性管理器及属性对话框，如图5-23、图5-24所示。

图5-22　表面粗糙度属性管理器　　　　图5-23　形位公差属性管理器

② 点选欲标注的基准要素（视图边线）后，在属性对话框中，在公差 1 一栏中输入：$\phi$0.06；在第一基准一栏中选取 A；点选公差 1 的符号按钮，弹出符号对话框，如图 5-25 所示。在对话框中点选欲标注的形位公差项目，设置完后，点选确定按钮。形位公差标注完成。

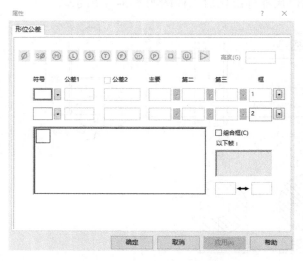

图 5-24　形位公差属性对话框

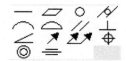

图 5-25　形位公差符号

③ 点选欲标注的基准要素（视图边线）后，点选注解工具条中的基准特征符号图标 ，弹出基准特征属性管理器，如图 5-26（a）所示，单击使用文件样式（U）选择框，基准特征属性管理器如图 5-26（b）所示，选择所需的符号，标注基准特征，如图 5-27 所示。

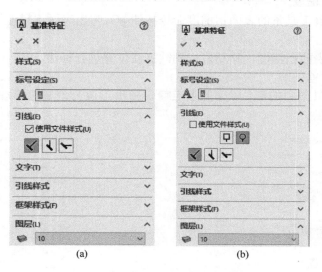

图 5-26　基准特征属性管理器

④ 应用上述方法对表面粗糙度、几何公差进行标注，标注结果如图 5-27 所示。

### 8. 添加技术要求并修改注释文字字体大小

单击注解工具条注释命令按钮 ，弹出注释属性管理器，如图 5-28 所示。移动鼠标到适当位置添加技术要求。

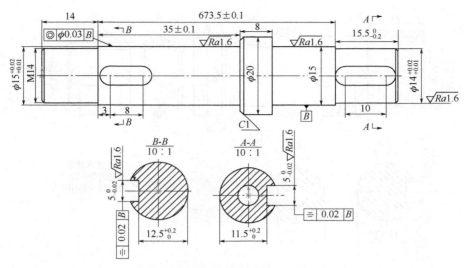

图 5-27　标注表面粗糙度、几何公差

（1）修改图纸所有注释文字的大小。在图 5-12 所示剖面视图属性管理器中，单击文档字体单选框，单击字体按钮，弹出选择字体对话框，如图 5-29 所示。单击点（P）单选框，选择合适的字体，对注解文字字体进行修改。

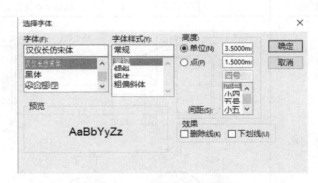

图 5-28　注释属性管理器　　　　　　　　　　图 5-29　选择字体对话框

（2）修改图纸个别注释文字大小。单击所要修改注释文字，弹出注释属性管理器，如图 5-28 所示。单击文档字体单选框，单击字体按钮，弹出选择字体对话框，如图 5-29 所示。单击点（P）单选框，选择合适的字体，对注释文字字体进行修改。

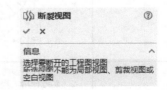

图 5-30　"断裂视图"对话框

（3）单击工具栏的"断裂视图"图标 ，弹出"断裂视图"对话框，如图 5-30 所示，在图形区域中添加断裂面曲线，完成断裂视图添加，如图 5-31 所示。

### 9. 完成零件工程图设计

如图 5-31 所示，保存文件，退出 SolidWorks。

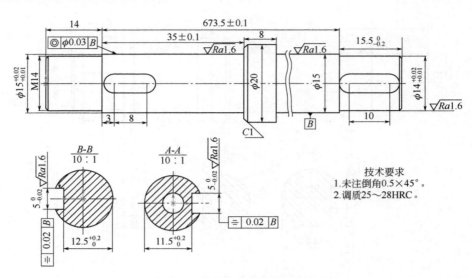

图 5-31　完成工程图设计

**提示：** 本项目对各步骤的操作只给出简要提示，具体操作过程可参考"资料引入"及软件的帮助文件。

# 【填写"课程任务报告"】

## 课程任务报告

| 班级 | | 姓名 | | 学号 | | 成绩 | |
|---|---|---|---|---|---|---|---|
| 组别 | | 任务名称 | | 腕部中心轴2工程图设计 | | 参考课时 | 8学时 |
| 任务图样 | 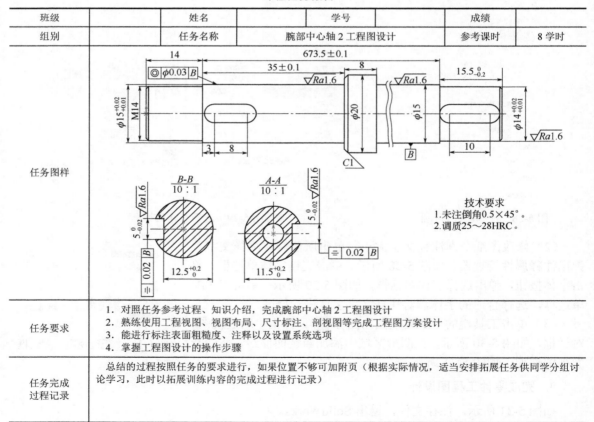 | | | | | | |
| 任务要求 | 1. 对照任务参考过程、知识介绍，完成腕部中心轴2工程图设计<br>2. 熟练使用工程视图、视图布局、尺寸标注、剖视图等完成工程图方案设计<br>3. 能进行标注表面粗糙度、注释以及设置系统选项<br>4. 掌握工程图设计的操作步骤 | | | | | | |
| 任务完成<br>过程记录 | 总结的过程按照任务的要求进行，如果位置不够可加附页（根据实际情况，适当安排拓展任务供同学分组讨论学习，此时以拓展训练内容的完成过程进行记录） | | | | | | |

## 【知识学习】

### 1. 工程图概述

在 SolidWorks 中，利用生成的三维零件图和装配体图，可以直接生成工程图。其后便可对其进行尺寸标注，并标注表面粗糙度符号及公差配合等。

也可以直接使用二维几何绘制生成工程图，而不必考虑所设计的零件模型或装配体，所绘制出的几何实体和参数尺寸一样，可以为其添加多种几何关系。一般来说，工程图包含几个由模型建立的视图，也可以由现有的视图建立视图。例如，剖面视图是由现有的工程视图所生成的。

### 2. 工程图工具栏

工程图窗口与零件图、装配体窗口基本相同，也包括特征管理器。工程图的特征管理器中包含其项目层次关系的清单。每张图纸各有一个图标，每张图纸下有图纸格式和每个视图的图标及视图名称。

项目图标旁边的符号"+"表示它包含相关的项目，单击符号"+"即可展开所有项目并显示内容。

工程图窗口的顶部和左侧有标尺，用于画图参考。如要打开或关闭标尺的显示，可选择菜单栏中的"视图"|"标尺"命令。

如果不特别指定，系统默认在新建工程图的同时打开"工程图"工具栏，"工程图"工具栏如图 5-32 所示，如要打开或关闭"工程图"工具栏，可选择菜单栏中的"视图"|"工具栏"|"工程图"命令。

图 5-32 "工程图"工具栏

具体对"工程图"工具栏的操作可参考前面的章节，这里不再赘述，下面先来介绍"工程图"工具栏中各选项的含义。

（模型视图）按钮：当生成新工程图，或当将一模型视图插入到工程图文件中时，会出现"模型视图"PropertyManager 设计树，利用它可以在模型文件中为视图选择一方向。

（投影视图）按钮：投影视图为正交视图，以下列三种视图工具生成。

标准三视图：前视视图为模型视图，其他两个视图为投影视图，使用在图纸属性中所指定的第一角或第三角投影法。

模型视图：在插入正交模型视图时，"投影视图"PropertyManager 设计树出现，这样可以从工程图纸上的任何正交视图插入投影的视图。

投影视图：从任何正交视图插入投影的视图。

（辅助视图）按钮：辅助视图类似于投影视图，但它是垂直于现有视图中参考边线的展开视图。

（剖面视图）按钮：可以用一条剖切线来分割视图在工程图中生成一个剖面视图。剖面视图可以是直切剖面或者是用阶梯剖切线定义的等距，也可以包括同心圆弧。

（局部视图）按钮：可以在工程图中生成一个局部视图来显示一个视图的某个部分(通常是以放大比例显示)。此局部视图可以是正交视图、3D 视图、剖面视图、裁剪视图、爆炸装配体视图或另一局部视图。

（标准三视图）按钮：标准三视图选项能为所显示的零件或装配体同时生成三个默认正交视图。主视图与俯视图及侧视图有固定的对齐关系。俯视图可以竖直移动，侧视图可以水平移动。

（断开的剖视图）按钮：断开的剖视图为现有工程视图的一部分，而不是单独的视图。闭合的轮廓通常是样条曲线，用来定义断开的剖视图。

（断裂视图）按钮：可以在工程图中使用断裂视图（或是中断视图）。断裂视图就可以将工程图视图用较大比例显示在较小的工程图纸上。

（剪裁视图）按钮：除了局部视图、已用于生成局部视图的视图或爆炸视图，可以裁剪任何工程视图。由于没有建立新的视图，裁剪视图可以节省步骤。

（交替位置视图）按钮：可以使用交替位置视图工具将一个工程视图精确叠加于另一个工程视图之上。交替位置视图以幻影线显示，它常用于显示装配体的运动范围。对于交替位置视图拥有下面的特征。

◆ 可以在基本视图和交替位置视图之间标注尺寸。
◆ 交替位置视图可以添加到 FeatureManager 设计树中。
◆ 在工程图中可以生成多个交替位置视图。
◆ 交替位置视图在断开、剖面、局部或裁剪视图中不可用。

**3. 线型工具栏**

"线型"工具栏包括线色、线粗、线型和颜色显示模式等，"线型"工具栏如图 5-33 所示。

（线色）按钮：单击线色按钮，出现"设定下一直线颜色"对话框。可从该对话框中的调色板中选择一种颜色。

（线粗）按钮：单击线粗按钮，出现如图 5-34 所示的线粗菜单。当指针移到菜单中某线时，该线粗细的名称会在状态栏中显示。从菜单选择线粗。

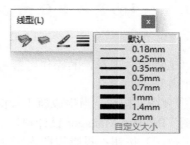

图 5-34　线粗菜单

图 5-33　"线型"工具栏

图 5-35　线型菜单

（线型）按钮：单击线型按钮，会出现如图 5-35 所示的线型菜单，当指针移到菜单中某线条时，该线型名称会在状态栏中显示。使用时从菜单中选择一种线型。

（颜色显示模式）：单击颜色显示模式按钮，线色会在所设定的颜色中切换。

在工程图中添加草图实体前，可先单击"线型"工具栏中的线色、线粗、线型图标，从菜单中选择所需格式，这样添加到工程图中的任何类型的草图实体，均使用指定的线型和线粗，直到重新选择另一种格式。

如要改变直线、边线或草图视图的格式，可先选择要更改的直线、边线或草图实体，然后单击线型工具栏中的图标，从菜单中选择格式，新格式将应用到所选视图中。

**4. 图层**

在工程图文件中，可以生成图层，为每个图层上新生成的实体指定颜色、粗细和线性。新实体会自动添加到激活的图层中，也可以隐藏或显示单个图层，另外还可以将实体从一个图层移到另一个图层。

可以将尺寸和注解（包括注释、区域剖面线、块、折断线、装饰螺纹线、局部视图图标、剖面线及表格）移到图层上；它们使用图层指定的颜色。

草图实体使用图层的所有属性。

可以将零件或装配体工程图中的零部件移动到图层。零部件线型包括一个用于为零部件选择命名图层的清单。

如果将.dxf 或.dwg 文件输入到一个工程图中，就会自动建立图层。在最初生成.dxf 或.dwg文件的系统中指定的图层信息（名称、属性和实体位置）也将保留。

如果将带有图层的工程图作为.dxf 或.dwg 文件输出，图层信息将包含在文件中。当在目标系统中打开文件时，实体都位于相同的图层上，并且具有相同的属性，除非使用映射将实体重新导向新的图层。

（1）建立图层

① 在工程图中单击"线型"工具栏中的 ▧ （图层属性）按钮，此时会弹出如图 5-36 所示的"图层"对话框。

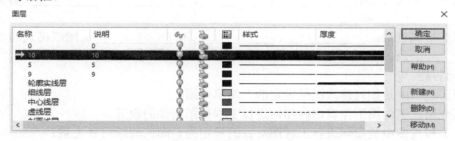

图 5-36　"图层"对话框

② 单击"新建"按钮，然后输入新图层的名称。

**注意**：如果将工程图保存为.dxf 或.dwg 文件，在.dxf 或.dwg 文件中，图层名称可能或有如下改变：所有的字符被转换为大写，名称被缩短为 26 字符，在名称中的所有空白被转换为底线。

③ 更改该图层默认图线的颜色、样式或粗细。

◆ 颜色：单击颜色下的方框，出现"颜色"对话框，从中选择一种。

◆ 样式：单击样式下的直线，从菜单中选择一种线条样式。

◆ 厚度：单击厚度下的直线，从菜单中选择线粗。

④ 单击"确定"按钮，即可为文件新建一个图层。

（2）图层操作　箭头 ⇨ 指示的图层为激活图层。如果要激活图层，单击图层左侧，则所添加的新实体在激活图层中。

在"图层"对话框中，灯泡 💡 是代表打开或关闭图层，当灯泡为黄色时图层可见。

◆ 如果要隐藏图层，单击该图层的灯泡图标，灯泡变为灰色，单击"确定"按钮完成设定。该图层上的所有图元都将被隐藏。

◆ 如要显示图层，双击灯泡变成黄色，即可显示图层中的图元。

◆ 如果要删除图层，选择图层名称然后单击"删除"按钮，即可将其删除。

◆　如果要移动实体到激活的图层，选择工程图中的实体，然后单击"移动"按钮，即可将其移动到激活的图层。

◆　如果要更改图层名称，单击图层名，然后输入所需的新名称即可更改名称。

工程图文件的扩展名为.slddrw，新工程图名称是使用所插入的第一个模型的名称，该名称出现在标题栏中。

### 任务拓展

**1. 知识考核**

（1）填空题

① 局部视图就是用来显示现有视图某一局部形状的视图，通常是以放大比例显示。局部视图可以是：_____、_____、_____、_____、爆炸装配体视图或另一局部视图。

② SolidWorks 中由模型建立的视图称为_____，包括标准三视图和命名视图。由现有视图建立的视图，称为_____。_____提供关于工程视图及其所代表的模型或装配体的信息。

③ 派生工程视图包括_____、_____、_____、_____、剪裁视图、断裂视图、_____和_____。

④ 图纸格式包括：_____、_____和_____，图纸格式的 2 种类型分别为_____和_____。

（2）问答题

① 在工程图中是如何修改图纸设定的？简单介绍。

② 试介绍在工程图工作窗口内如何进行工程视图属性的设置。

③ 在工程视图中是如何进行工程图对齐的设定的？如何解除对齐关系？

**2. 技能考核**

根据项目三任务 3.1 练习二创建的腕部中心轴 3 三维零件，创建如图 5-37 所示二维工程图。

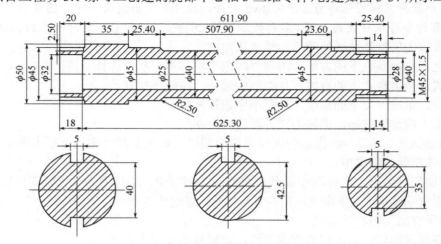

图 5-37　腕部中心轴 3

# 任务 5.2　工业产品装配工程图设计

## 知识点

◎ 图纸格式、生成视图、剖面视图、中心线与中心符号线等基本命令。
◎ 零件序号、注释、系统选项、明细栏等各参数含义。

## 技能点

◎ 熟练使用工程视图、视图布局、尺寸标注、剖视图等完成工程图方案设计。
◎ 能进行标注零件序号、注释以及设置系统选项、明细栏。
◎ 掌握工程图设计的操作步骤。

## 任务描述

本任务要完成的工程图如图 5-38 所示。通过本任务的学习，使读者能够熟练掌握创建工程视图、视图布局、尺寸标注、剖视图、零件序号、明细栏等相关命令的应用，能够掌握工程图的创建方法及技巧。

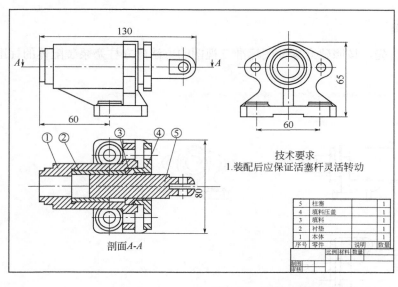
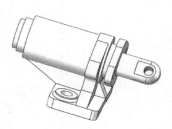

图 5-38　柱塞泵装配工程图

## 任务实施

### 5.2.1　造型方案设计

打开制图模块设置制图参数，生成视图，制作剖视图和局部视图，尺寸标注，注释标记，实用符号，零件序号，明细栏等。具体造型方案见表 5-2。

表 5-2    柱塞泵装配工程图方案设计

| 步骤 | 1. 创建柱塞泵装配体标准三视图 | 2. 建立装配图的剖视图 |
|---|---|---|
| 图示 | | |

| 步骤 | 3. 柱塞泵装配体尺寸标注、添加中心线、中心线符号、技术要求等注释文字添加 | 4. 添加注释文件，绘制明细栏 |
|---|---|---|
| 图示 | | |

### 5.2.2    参考操作步骤

（1）创建标准三视图    首先，按照建立零件图标准三视图的方法建立柱塞泵装配体的标准三视图，如图 5-39 所示。

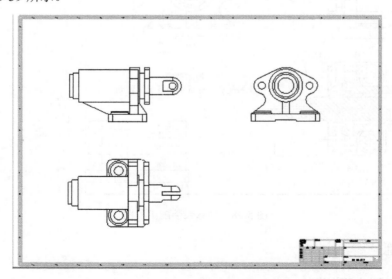

图 5-39    减速器装配图标准三视图

（2）建立装配图的剖视图    点选工程图工具条中的剖视图标 ⤵，鼠标移动到剖视处，绘制剖切线，移动鼠标在视图区内任一位置处，点击鼠标左键，生成 *A-A* 剖视图，如图 5-40 所示。

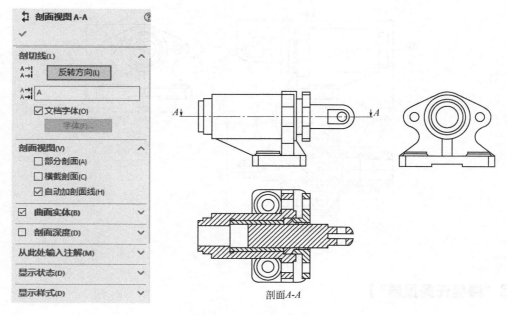

图 5-40　创建装配图剖视图

（3）创建尺寸标注、添加中心线、中心线符号、技术要求等　按照零件图尺寸标注、添加中心线、中心线符号、技术要求等注释文字，绘制完成柱塞泵装配体工程图，如图 5-41 所示，在此不再赘述。

（4）添加零件序号　单击注解→自动零件序号命令 ⚙ 或零件序号命令 ①，添加零部件序号。本文采用第二种方法，选择零件序号命令 ① 后，弹出零件序号属性管理器。在其中对零件序号设定后，即可逐一添加零件序号，如图 5-42、图 5-43 所示。

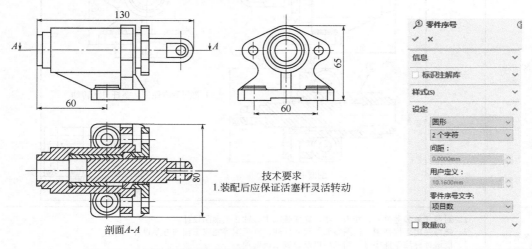

图 5-41　标注装配图轮廓尺寸　　　　　　　　图 5-42　零件序号属性管理器

（5）添加注释文件，绘制明细栏　绘制完成图 5-38 所示减速器装配体工程图，在此不再赘述。

（6）完成装配体工程图设计　保存文件，退出 SolidWorks。

**提示**：本项目对各步骤的操作只给出简要提示，具体操作过程可参看软件的帮助文件。

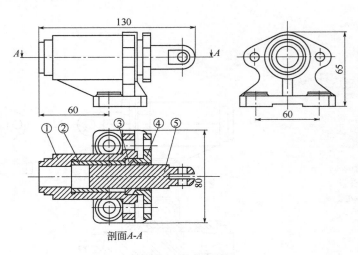

图 5-43　添加零件序号

## 【填写"课程任务报告"】

**课程任务报告**

| 班级 | | 姓名 | | 学号 | | 成绩 | |
|---|---|---|---|---|---|---|---|
| 组别 | | 任务名称 | 柱塞泵装配体工程图设计 | | | 参考课时 | 8 学时 |

| 任务图样 | 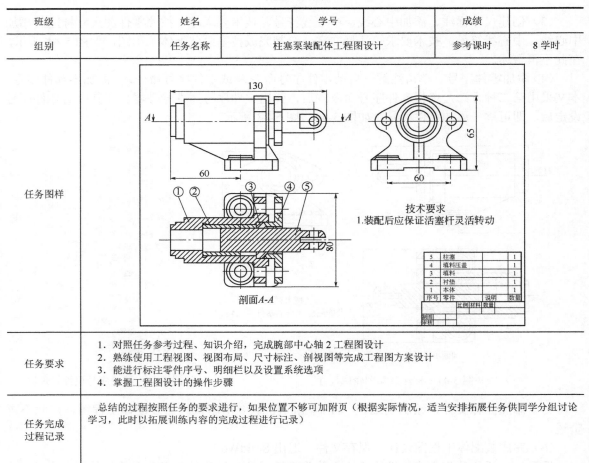 |
|---|---|
| 任务要求 | 1. 对照任务参考过程、知识介绍，完成腕部中心轴 2 工程图设计<br>2. 熟练使用工程视图、视图布局、尺寸标注、剖视图等完成工程图方案设计<br>3. 能进行标注零件序号、明细栏以及设置系统选项<br>4. 掌握工程图设计的操作步骤 |
| 任务完成<br>过程记录 | 　　总结的过程按照任务的要求进行，如果位置不够可加附页（根据实际情况，适当安排拓展任务供同学分组讨论学习，此时以拓展训练内容的完成过程进行记录） |

技术要求
1. 装配后应保证活塞杆灵活转动

| 5 | 柱塞 | | 1 |
|---|---|---|---|
| 4 | 填料压盖 | | 1 |
| 3 | 填料 | | 1 |
| 2 | 衬垫 | | 1 |
| 1 | 本体 | | 1 |
| 序号 | 零件 | 说明 | 数量 |

剖面A-A

## 【知识学习】

### 1．材料明细表

（1）定义：材料明细表为材料明细表指定属性。

（2）要打开材料明细表，执行以下其中一项操作：

◆ 单击表格工具栏上的"材料明细表"，或在文件打开后单击插入 > 表格 > 材料明细表。

◆ 单击现有材料明细表左上角中的平移图标✛。

### 2．材料明细表选项

◆ 生成新表格：生成新的工程图设计表。

◆ 复制现有表格：从某个参考装配体或零件复制已保存的材料明细表。从列表中选择一个材料明细表。选择链接将工程图材料明细表中的数据与装配体材料明细表链接。可解除链接材料明细表，但不能将之重新链接。在一个材料明细表中所作的更改会反映在另一个明细表中。格式化不会链接。

知识考核

简述装配体工程图与零件工程图的区别。

5.2

## 【项目小结】

通过本项目的学习，应掌握以下内容：

（1）建立和编辑图纸。

（2）在图纸中添加模型视图和其他视图。

（3）调整视图布局，修改视图显示。

（4）剖视图的应用。

（5）视图标注的功能。

（6）建立标题栏和明细栏。

学会综合应用这些命令完成产品的工程图，熟练掌握工程图制作过程与软件应用。

# 项目六　工业产品三维逆向建模设计

## 【项目教学导航】

| | |
|---|---|
| 学习目标 | 培养学生认识三维逆向建模，熟练掌握 Geomagic Design X 建模模块中如何使用强大的曲面建模工具完成自由曲面设计及几何特征创建的相应功能，逐步完成汽车工业产品的逆向建模设计 |
| 项目要点 | ※ 模型坐标系、草图基本命令、自由曲面构造的基本功能等<br>※ 面片草图、草图构造曲面、草图构造实体、误差分析各参数含义<br>※ 自动分割点云领域、创建特征的方法和命令 |
| 重点难点 | Geomagic Design X 逆向建模的操作思路及步骤 |
| 学习指导 | 学习本项目时要注意：正向建模与逆向建模有相互参考的地方，如何建立坐标系，利用坐标系建模；还有就是在逆向建模前首先要知道正向建模的思路。模型坐标系、草图基本命令、自由曲面构造的基本功能等。面片草图、草图构造曲面、草图构造实体、误差分析各参数含义。建模前要熟悉软件各命令含义 |

| 教学安排 | 任务 | 教学内容 | 学时 | 作业 |
|---|---|---|---|---|
| | 任务 6.1 | 认识逆向工程 | 2 | 任务 6.1 附带知识考核 |
| | 任务 6.2 | Geomagic Design X 逆向建模 | 8 | 任务 6.2 附带知识考核、技能考核 |

## 【项目简介】

传统产品的开发实现通常是从概念设计到图样，再创造出产品，其流程为构思—设计—产品，被称为正向工程或者顺向工程。它的设计理念恰好与逆向工程相反。逆向工程的产品设计师根据零件或者原型生成图样，再制造产品。目前逆向工程的应用领域主要是飞机、汽车、玩具和家电等模具相关行业。近年来随着生物和材料技术的发展，逆向工程技术也开始应用于人工生物骨骼等医学领域。但是逆向工程技术的研究和应用还仅仅集中在几何形状，即重建产品实物的 CAD 模型和最终产品的制造方面。

## 任务 6.1　认识逆向工程

### 知识点

◎ 逆向工程的定义、应用领域等。

◎ 逆向工程的技术流程。

**技能点**

◎ 了解逆向工程的技术流程。

 **任务描述**

本任务要完成对逆向工程的认识。通过本任务的学习，使读者能快速熟悉逆向工程的定义、应用领域以及技术流程。

 **任务实施**

### 6.1.1　任务方案设计

本任务主要介绍逆向工程，应用领域及技术流程，如表 6-1 所示。

**表 6-1　任务方案设计**

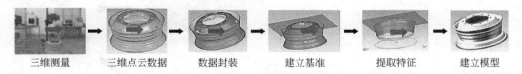

| 步骤 | 1. 逆向工程定义 | 2. 逆向工程应用领域 | 3. 逆向工程技术流程 |
|------|------|------|------|
| 图示 |  | 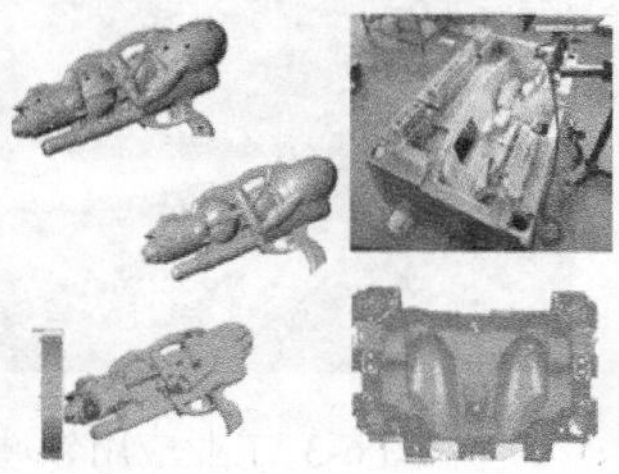 | 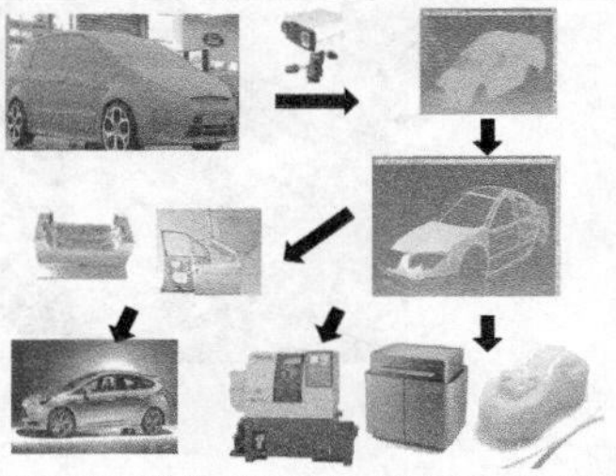 |

### 6.1.2　参考学习步骤

**1．逆向工程定义**

逆向工程（Reverse Engineering，也称反求工程、反向工程等）：将实物转化为 CAD 模型相关的数字化技术、几何模型重建技术和产品制造技术的总称，技术实现步骤如图 6-1 所示。

三维测量 → 三维点云数据 → 数据封装 → 建立基准 → 提取特征 → 建立模型

图 6-1　汽车轮毂三维逆向建模流程

目前所谓的逆向工程是指针对现有工件，利用 3D 数字化测量仪准确、快速地取得点云图像，随后经过曲面构建、编辑、修改之后，置入一般的 CAD/CAM 系统，再由 CAD/CAM 计算出 NC 加工路径，最后通过 CNC 加工设备制作模具。另一种量产方式则是先以快速原型机（Rapid Prototyping System）将样品模型制作出来，然后再以快速模具（Rapid Tooling）进行产品量产。

**2．逆向工程应用领域**

在新产品开发上，可用于产品的快速改型或创新设计。模具行业，可用于模具开发、控制模具试模与定型、模具改型修复等，如图 6-2 所示。

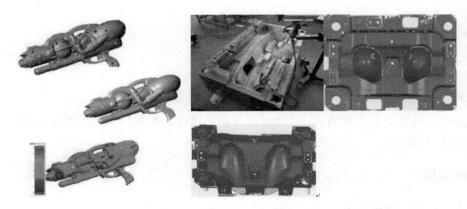

图 6-2　应用在玩具及模具领域

　　由于学科发展水平的限制，产品设计需要通过试验测试才能定型的工件模型。如汽车发动机气道、航空发动机的涡轮叶片、航空器的外形等，如图 6-3 所示。

图 6-3　工业应用领域

### 3．技术流程

技术流程如图 6-4 所示。

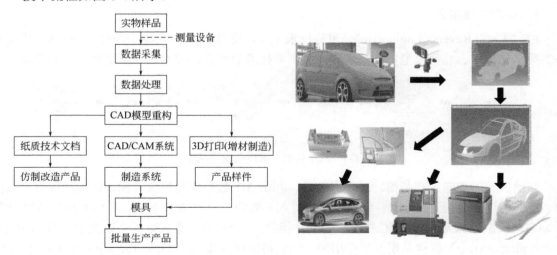

图 6-4　三维逆向建模技术流程

**知识考核**

（1）逆向工程的定义。

（2）简述逆向工程技术流程。

6.1

# 任务 6.2 Geomagic Design X 逆向建模

## 知识点

◎ 模型坐标系、草图基本命令、自由曲面构造的基本功能等。

◎ 面片草图、草图构造曲面、草图构造实体、误差分析各参数含义。

◎ 自动分割点云领域、创建特征的方法和命令。

## 技能点

◎ 熟练掌握草图基本命令、自由曲面构造相关命令。

◎ 掌握应用主体的方法和命令。

◎ 掌握规则特征与自由曲面的构建、模型领域的过渡方法。

## 任务描述

本任务要完成的汽车水枪三维逆向如图 6-5 所示。通过本任务的学习，使读者能快速熟悉 Geomagic Design X 建模模块中如何使用强大的曲面建模工具完成自由曲面设计及几何特征创建的相应功能，逐步引导读者完成汽车洗车水枪产品的逆向建模设计。掌握应用 Geomagic Design X 完成产品的三维逆向建模的基本技能。

(a) 原始点云(.TXT/.ASC)　　　(b) 面片数据(.STL)　　　(c) 实体数据(.STP)

图 6-5　汽车水枪三维逆向建模流程

将扫描获取的.TXT 格式的三维点云数据经过 Geomagic Wrap 处理之后转化为.STL 格式的三角面片，经过 Geomagic Design X 曲面建模得到.STP 实体数据。

## 任务实施

### 6.2.1 逆向建模方案设计

如图 6-6、表 6-2 所示。

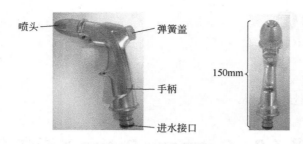

喷头 —— 弹簧盖

150mm

手柄

进水接口

图 6-6 汽车水枪实物图

**表 6-2 汽车水枪逆向建模方案设计**

| 步骤 | 1. 坐标系建立 | 2. 手柄：此部分作为主体，合理地将曲面划分，利用面片创建自由曲面，将所有曲面创建完成后合并为实体 | 3. 喷头与进水接口：这两处特征为回转体，构建回转轮廓创建回转体，与主体部分合并 |
|---|---|---|---|
| 图示 | | | |
| 步骤 | 4. 弹簧盖：简单的几何特征，绘制草图创建拉伸体 | 5. 局部小特征创建与修改，并将整体倒圆角，建模精度分析 | |
| 图示 | | | |

## 6.2.2 参考操作步骤

**1. 坐标系建立**

（1）导入处理完成的 shuiqiang.STL 数据。点击菜单栏中的插入>导入，选择 shuiqiang.STL 文件，选择仅导入按钮，如图 6-7 所示。

（2）分析模型特征并手动修改领域。点击 （领域组）按钮，会弹出自动分割领域的对话框，如图 6-8 所示将敏感度设置为 5，点击 预览按钮，模型自动会将不同曲率的区域以不同的颜色划分，点击对话框中的 对号按钮确定。

分析模型特征，根据曲面划分需要将自动划分的领域加以修改，以供后期创建特征使用，图 6-9 为初步划分的领域模型。

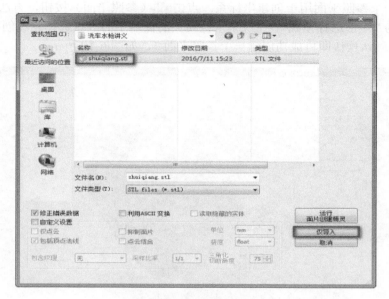

图 6-7　导入处理数据界面

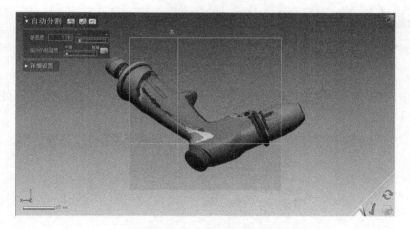

图 6-8　自动分割领域的对话框

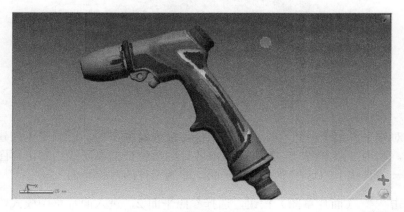

图 6-9　初步划分的领域模型

（3）建立一个参照平面用于创建坐标系。点击 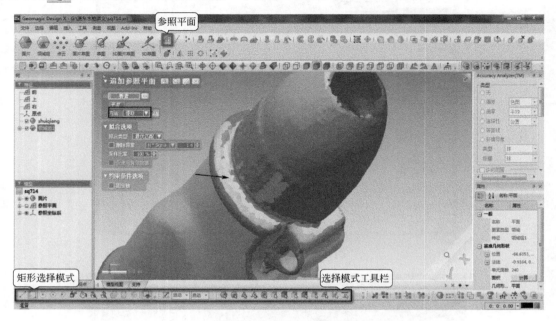 （参照平面）按钮，方法选择"提取"，更改选择模式为"矩形选择模式"，在洗车水枪喷头的低端平面区域选择领域创建参照平面，点击右下角 ，确认操作即可成功创建一个参照平面 1，如图 6-10 所示。

图 6-10　建立一个参照平面

使用同样的创建参照平面的画法，分别在弹簧盖顶端平面和手柄低端平面处创建参照平面 2 和参照平面 3，如图 6-11 所示。

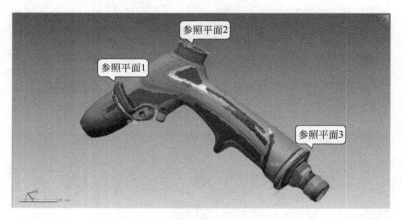

图 6-11　创建参照平面 2 和参照平面 3

（4）建立对称平面用于创建坐标系。此工件特征为对称工件，所以需要创建对称平面用于坐标系的建立，利用参照平面 1、2、3，截取各处圆形特征的参照线绘制出草图圆即可得到圆心，利用不在一条直线上的这三个点创建平面，即为工件的对称平面。

方法：点击 （面片草图）按钮，选择参照平面 2，进入面片草图模式，点击短粗箭头鼠标手动拉动前后位置，截取此处外轮廓圆，如图 6-12 所示。

图 6-12　创建面片草图

点击对话框左上角 ✅ 确定，然后参照截面线绘制此圆，点击工具栏中 ⊕（创建圆）按钮，框选参照线得到此圆即得到圆心，如图 6-13 所示。

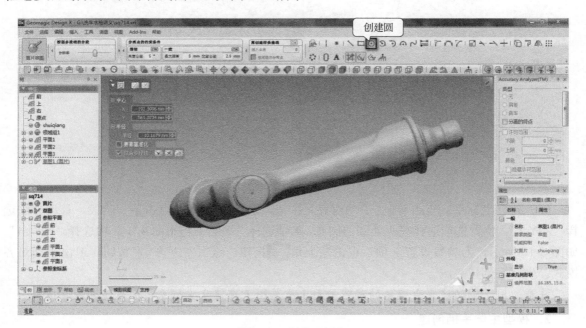

图 6-13　创建"圆"

同样的方法，绘制出平面 1 和平面 3 处的圆得到圆心，如图 6-14 所示。

然后点击 ⊞（参照平面），依次选择上述创建的三个圆的圆心，即可得到参照平面 4，如图 6-15 所示。

图 6-14　绘制出平面 1 和平面 3 处的圆

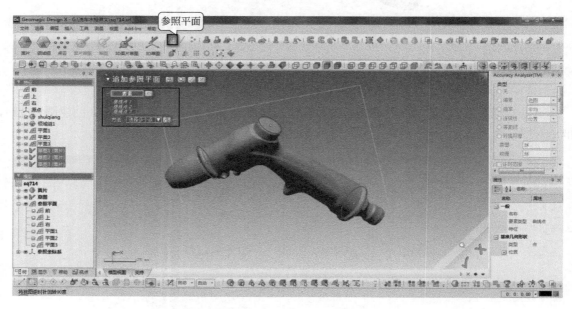

图 6-15　创建参照平面 4

（5）建立坐标系。点击 （手动对齐）按钮，选择点云模型,点击下一阶段，移动方法选择"X-Y-Z"，位置选项选择喷头处圆的圆心，Y 轴选择"平面 1 与平面 4"，Z 轴选择"平面 4"。如图 6-16 所示，为参数设置选项，点击左上角  按钮。点击右下方  按钮，退出手动对齐模式。坐标系创建完成。

**注意：** 用于辅助建立坐标系的参照平面 1 及草图 1 在建立坐标系之后可隐藏或删除。

**2. 模型主体手柄创建**

（1）点击 （面片草图）按钮，点击"前"平面为基准平面，进入面片草图模式，截取需要的参照线点击左上角  按钮。使用工具栏草图工具绘制如图 6-17 所示的草图。点击右下方  按钮，退出面片草图模式。

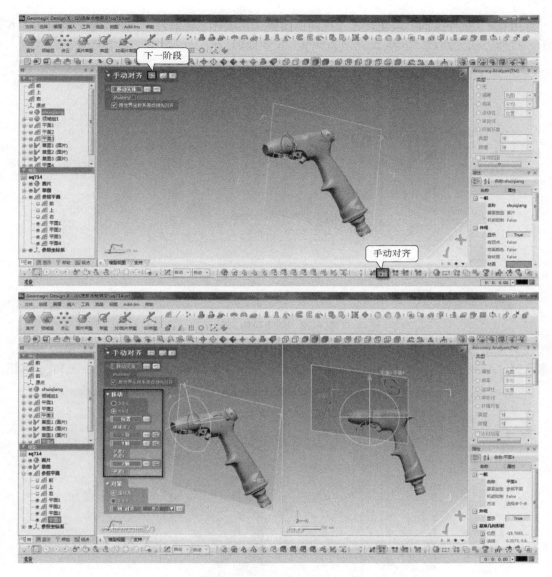

图 6-16　手动对齐建立坐标系

图 6-17　创建面片草图

点击 （拉伸曲面）按钮，进入拉伸曲面模式，选择上述面片草图 1，设置参数如图 6-18 所示，拉伸方法为距离，长度设置为 20mm，拉伸曲面。

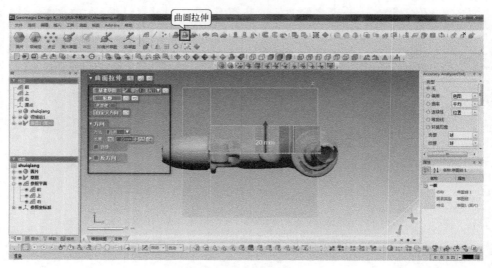

图 6-18　创建拉伸曲面

（2）点击（面片拟合）按钮，选择手柄上段区域的领域，参数设置如图 6-19 所示，分辨率选择"控制点数"，平滑拉至最大，勾选延长选择，手动调整大小，点击左上角按钮。

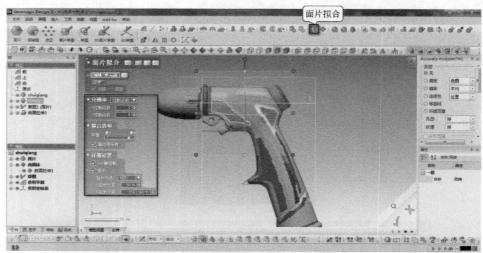

图 6-19　创建面片拟合

同样的上述操作方法将手柄中段区域的曲面创建，如图 6-20 所示。

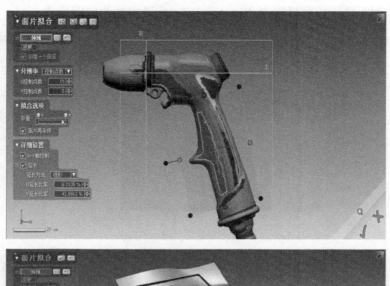

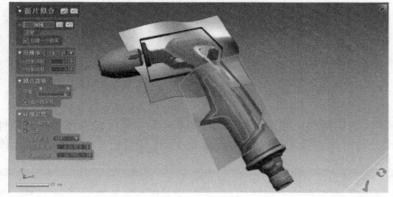

图 6-20　创建手柄中段区域的曲面

（3）点击 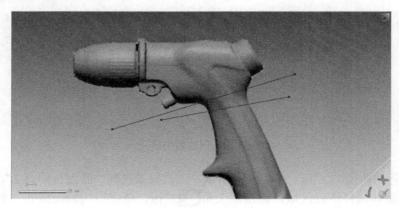（面片草图）按钮，点击"前"平面为基准平面，进入面片草图模式，截取需要的参照线点击左上角 按钮。使用工具栏草图工具绘制如图 6-21 所示的草图。点击右下方 按钮，退出面片草图模式。

图 6-21　创建面片草图

点击 （拉伸曲面）按钮，进入拉伸曲面模式，选择上述面片草图 2，参数设置如图 6-22 所示，拉伸方法为距离，长度设置为 20mm，点击 退出拉伸曲面模式。

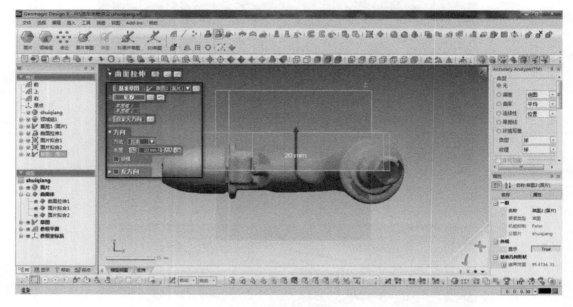

图 6-22　创建拉伸曲面

（4）点击 （剪切曲面）按钮，如图 6-23 所示，工具要素选择"曲面拉伸 2_1"，对象选择"面片拟合 1"，残留体选择上段区域，点击左上角 按钮，退出剪切曲面模式。

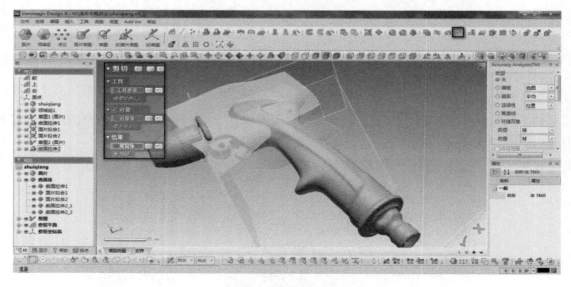

图 6-23　创建剪切曲面

点击 （剪切曲面）按钮，如图 6-24 所示，工具要素选择"曲面拉伸 2_2"，对象选择"面片拟合 2"，残留体选择下段区域，点击左上角 按钮，退出剪切曲面模式（剪切完毕后即可将曲面拉伸 2_1、曲面拉伸 2_2 隐藏）。

点击 (剪切曲面) 按钮, 如图6-25所示, 工具要素选择"曲面拉伸1", 对象选择"面片拟合1与面片拟合2", 残留体选择如图6-25所示区域, 点击左上角 按钮, 退出剪切曲面模式。

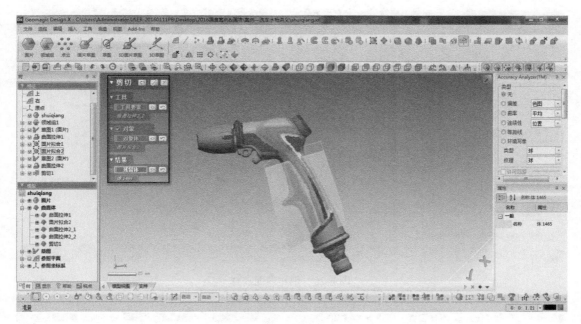

图6-24　创建截切曲面

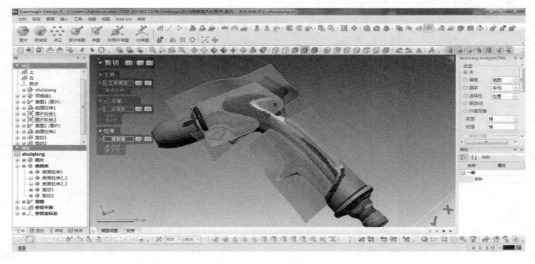

图6-25　创建剪切曲面

点击 (放样) 按钮, 如图6-26所示, 轮廓选择两曲面的边线, 约束条件下起始约束与终止约束选择"与面相切", 点击左上角 按钮, 退出放样曲面模式。

点击 (延长曲面) 按钮, 如图6-27所示, 选择放样曲面1的左右边线, 终止条件选择距离, 参数为"2mm", 延长方法选择"曲率"。点击左上角 按钮, 退出延长曲面模式。

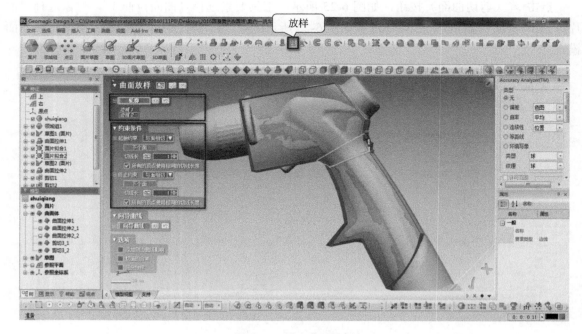

图 6-26　创建曲面放样

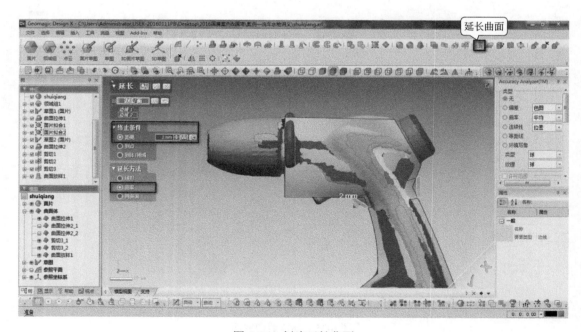

图 6-27　创建延长曲面

　　点击 🔲（剪切曲面）按钮，如图 6-28 所示，工具要素选择"曲面拉伸 1"，对象选择"面片放样 1"，残留体选择如图 6-28 所示区域，点击左上角 ✅ 按钮，退出剪切曲面模式。

　　（5）点击 🔲（缝合）按钮，曲面体选择如图 6-29 所示三个曲面，点击下一阶段，点击左上角 ✅ 按钮，退出缝合曲面模式。

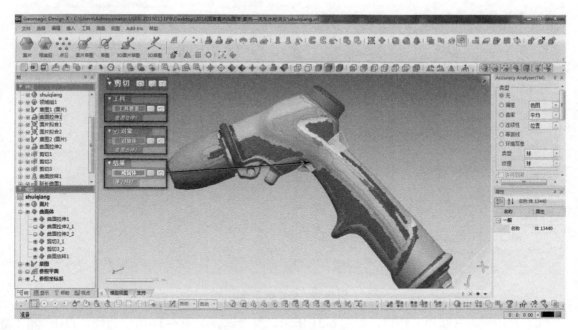

图 6-28　创建剪切曲面

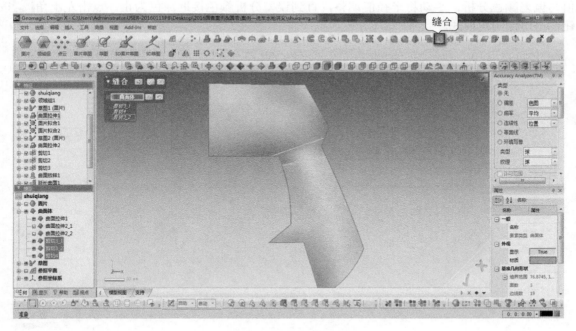

图 6-29　创建缝合曲面

点击 （剪切曲面）按钮，如图 6-30 所示，工具要素选择"曲面拉伸 1 和上述缝合曲面"，对象处将对钩去掉不做选择，这样的剪切方法可以将工具要素里选择的所有曲面互相修剪，并将所有曲面自动缝合为一个曲面，残留体选择如图 6-30 所示区域，点击左上角 按钮，退出剪切曲面模式。

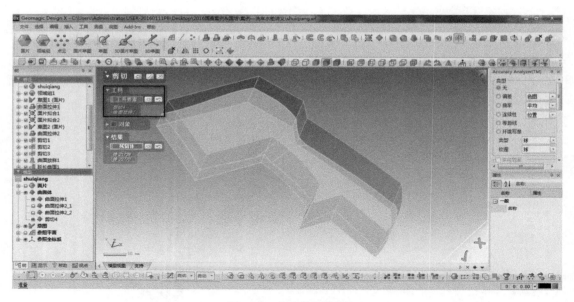

图 6-30　创建前切曲面

（6）点击 （圆角）按钮，如图 6-31 所示，要素选择如图 6-31 所示边线，点击 （魔法棒）自动探索圆角半径，同时将右侧分析工具栏中"偏差"选项打开，结合自动探索的半径值与偏差颜色分析，手动将半径值调整，直到误差分析颜色接近绿色为止。点击左上角 按钮，退出倒圆角模式。

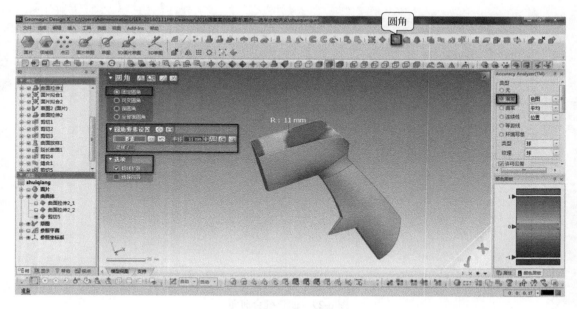

图 6-31　创建曲面圆角

同样的倒圆角方法将如图 6-32 所示的边界都进行倒圆角。

（7）点击 （参照平面）按钮，方法选择"提取"，更改选择模式为"矩形选择模式"，在洗车水枪手柄的底端平面区域选择领域创建参照平面，点击右下角 按钮，确认操作即可成功创建一个参照平面 1，如图 6-33 所示。

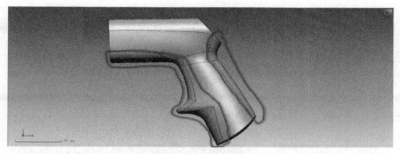

图 6-32　创建曲面圆角

图 6-33　创建参考曲面

点击 （参照平面）按钮，方法选择"偏移"，要素选择上述创建的参照平面 1，偏移选项下方数量设置为"2"，距离为"6mm"，点击右下角 按钮，确认操作即可成功创建一个参照平面 2 和参照平面 3，如图 6-34 所示。

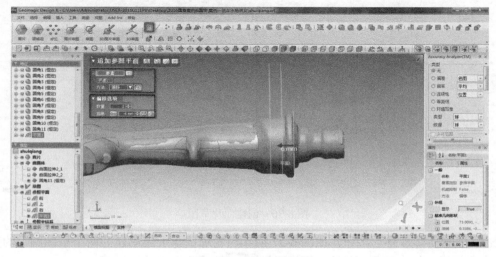

图 6-34　创建参考曲面

点击 （面片草图）按钮，点击"平面 2"为基准平面，进入面片草图模式，截取需要的参照线点击左上角 ✅ 按钮。使用工具栏草图工具绘制如图 6-35 所示的草图。点击右下方 ↙ 按钮，退出面片草图模式（随后把参照平面 2 隐藏，方便之后操作）。

图 6-35　创建面片草图

点击 （面片草图）按钮，点击"平面 3"为基准平面，进入面片草图模式，截取需要的参照线点击左上角 ✅ 按钮。使用工具栏草图工具绘制如图 6-36 所示的草图。点击右下方 ↙ 按钮，退出面片草图模式（随后把参照平面 3 隐藏，方便之后操作）。

图 6-36　创建面片草图

点击 （实体放样）按钮，如图 6-37 所示，轮廓选择上述创建的两个草图圆，约束条件下起始约束与终止约束选择"无"，点击左上角 ✅ 按钮，退出放样模式。

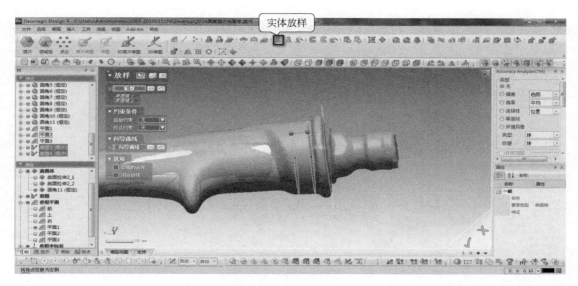

图 6-37　创建实体放样

点击 (移动面) 按钮，参数如图 6-38 所示，面选择面 1，方向选择面 1，距离调整到超出参照平面 1 之外，后面方可用平面 1 剪切。点击左上角 按钮，退出移动面模式。

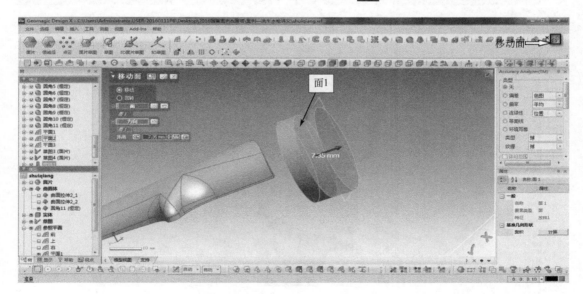

图 6-38　创建移动曲面

同样的方法使用移动面功能将对应面移动拉伸一定的距离，距离设置大于 20mm，方便后续的修剪，如图 6-39 所示。

点击 (草图) 按钮，点击"前基准平面"，进入草图模式，使用工具栏草图"3 点圆弧"工具绘制如图 6-40 所示的草图。点击右下方 按钮，退出草图模式。

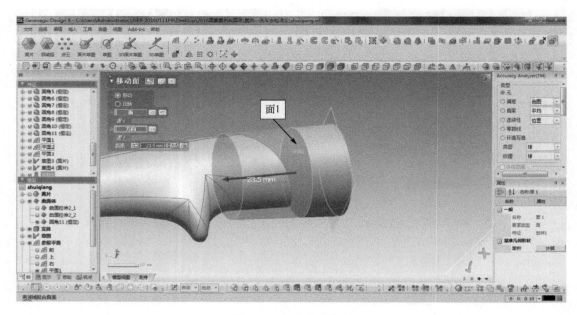

图 6-39　创建移动曲面

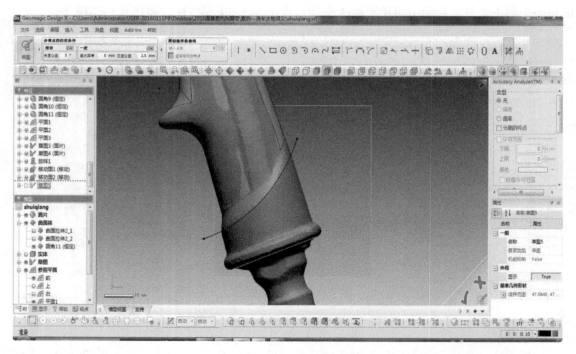

图 6-40　创建"3 点圆弧"

点击 按钮，进入拉伸曲面模式，选择上述绘制草图 5，设置参数如图 6-40 所示，拉伸方法为距离，长度设置为 20mm，拉伸曲面 3，方向如图 6-41 所示。

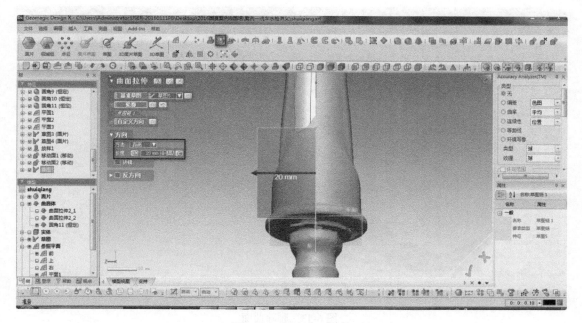

图 6-41　创建曲面拉伸

　　点击 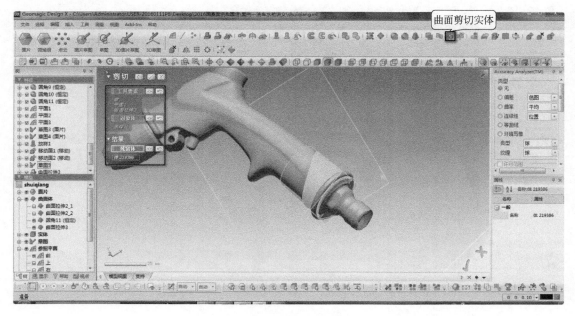（剪切实体）按钮，如图 6-42 所示，工具要素选择"前基准面、参照平面 1 与上述拉伸曲面 3"，对象选择放样实体 1，残留体选择如图 6-42 所示区域，点击左上角 ✅ 按钮，退出剪切实体模式。

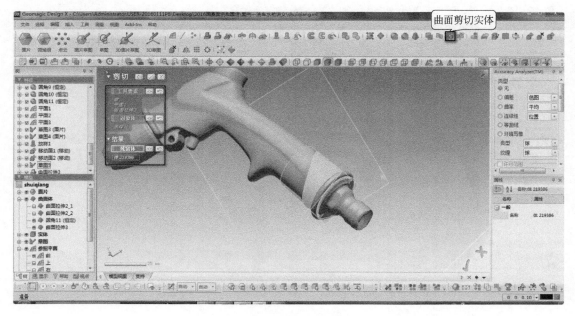

图 6-42　创建剪切曲面

　　（8）点击 （删除面）按钮，依次选择如图 6-43 所示的面 1、面 2 和面 3，点击左上角 ✅ 按钮，退出删除面模式。确认操作即可将面 1、面 2 和面 3 删除。

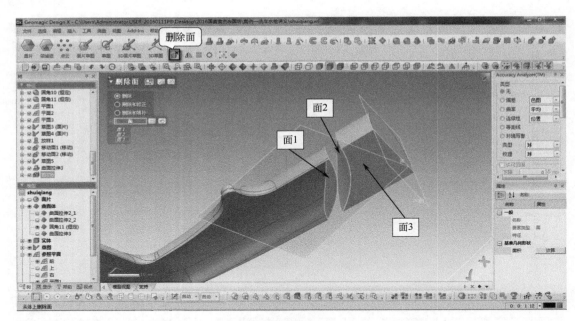

图 6-43    删除曲面

点击 （放样）按钮，如图 6-44 所示，轮廓选择两曲面的边线，约束条件下起始约束与终止约束选择"无"，点击左上角 ✅ 按钮，退出放样曲面模式。

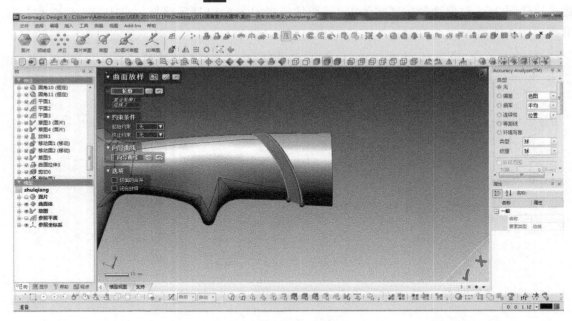

图 6-44    创建曲面放样

（9）点击 ✏️ （面片草图）按钮，点击"前基准面"为基准平面，进入面片草图模式，截取需要的参照线点击左上角 ✅ 按钮。使用工具栏草图工具绘制如图 6-45 所示的草图。点击右下方 ⬜ 按钮，退出面片草图模式。

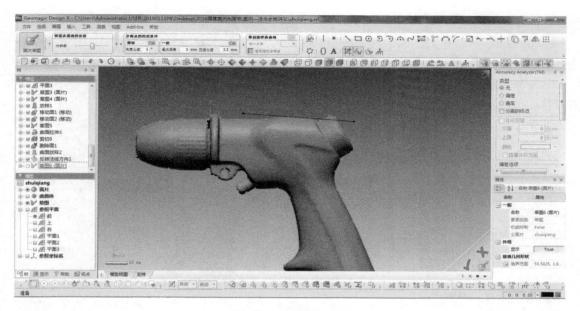

图 6-45 创建面片草图

点击 🖨（拉伸曲面）按钮，进入拉伸曲面模式，选择上述绘制面片草图 6，参数设置如图 6-46 所示，拉伸方法为距离，长度设置为 20mm，得到拉伸曲面 4，方向如图 6-46 所示。

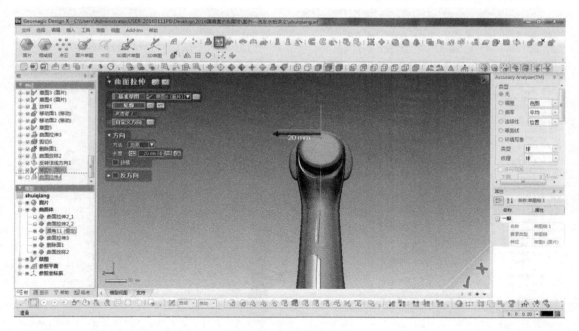

图 6-46 创建拉伸曲面

点击 🐟（面片拟合）按钮，选择手柄上如图 6-47 所示领域，参数设置如图 6-47 所示，分辨率选择"许可偏差"，平滑拖至中间位置，勾选延长选择，手动调整大小，点击左上角 ✅ 按钮。

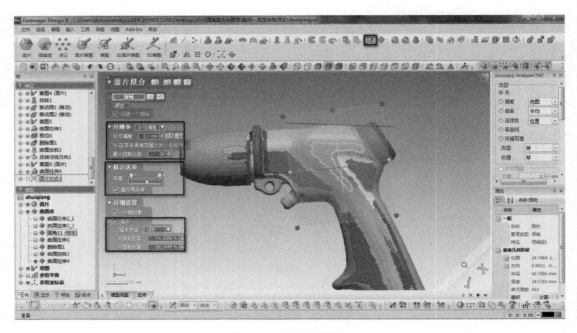

图 6-47　创建面片拟合

同样使用面片拟合方法将图 6-48 所示曲面创建出来。

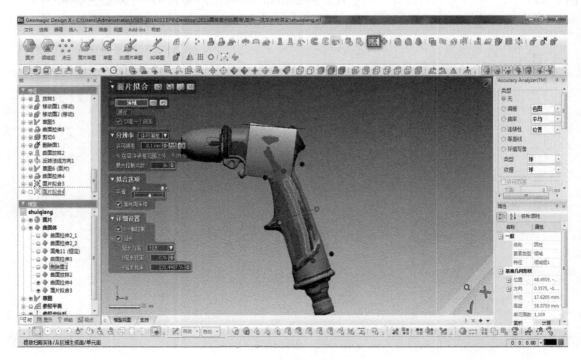

图 6-48　创建面片拟合

将之前创建的曲面显示出来，用于曲面修剪，使用拉伸曲面 2_1 和拉伸曲面 2_2 将刚才创建的两个拟合曲面修剪，修剪结果如图 6-49 所示。

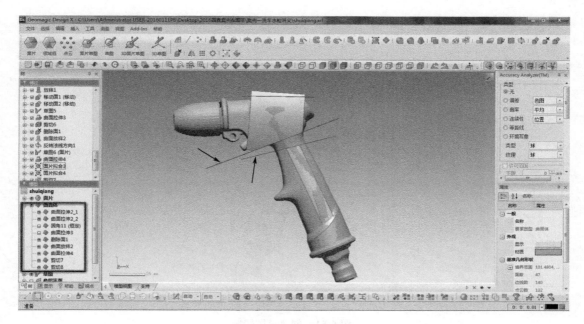

图 6-49　创建曲面修剪

　　点击 ⊕（剪切曲面）按钮，如图 6-50 所示，工具要素选择"剪切 7 和曲面拉伸 4"，对象处将对钩去掉不做选择，这样的剪切方法可以将工具要素里选择的所有曲面互相修剪，并将所有曲面自动缝合为一个曲面，残留体选择如图 6-49 所示区域，点击左上角 ✔ 按钮，退出剪切曲面模式。

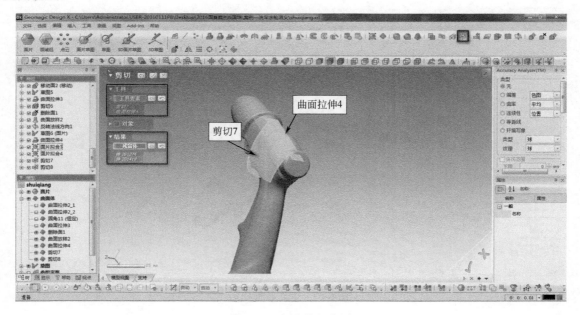

图 6-50　创建剪切曲面

　　点击 ✍（草图）按钮，点击"前基准平面"，进入草图模式，使用工具栏工具绘制如图 6-51 所示的草图。点击右下方 ✔ 按钮，退出草图模式。

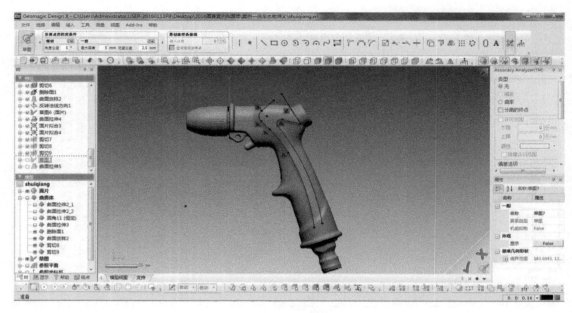

图 6-51 创建草图轮廓

点击 （拉伸曲面）按钮，进入拉伸曲面模式，选择上述绘制面片草图 7，设置参数如图 6-52 所示，拉伸方法为距离，长度设置为 20mm，得到拉伸曲面 5。方向如图 6-52 所示。

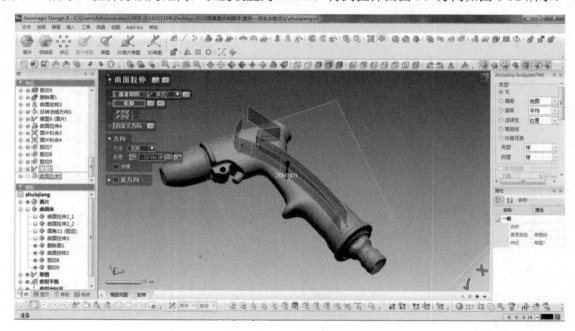

图 6-52 创建拉伸曲面

点击（圆角）按钮，要素选择如图 6-53 所示边线，点击（魔法棒）自动探索圆角半径，同时将右侧分析工具栏中"偏差"选项打开，结合自动探索的半径值与偏差颜色分析，手动将半径值调整，直到误差分析颜色接近绿色为止。点击左上角按钮，退出倒圆角模式。

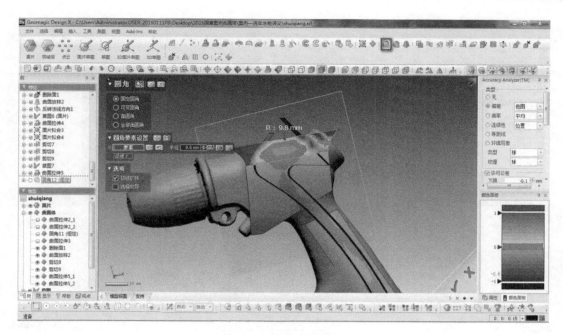

图 6-53　创建曲面圆角

点击 （剪切曲面）按钮，如图 6-54 所示，工具要素选择"曲面拉伸 5_1 和曲面拉伸 5_2"，对象选择圆角 12 和剪切 8，残留体选择如图 6-54 所示区域，点击左上角 ✔ 按钮，退出剪切曲面模式。

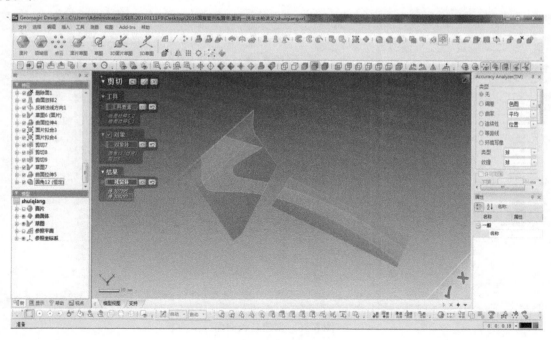

图 6-54　创建剪切曲面

点击 （放样）按钮，如图 6-55 所示，轮廓选择两曲面的边线，约束条件下起始约束与终止约束选择"与面相切"，点击左上角 ✔ 按钮，退出放样曲面模式。

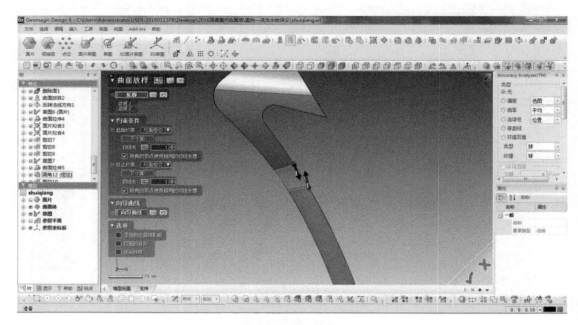

图 6-55　创建曲面放样

点击 （延长曲面）按钮，如图 6-56 所示，选择放样曲面 1 的左右边线，终止条件选择距离，参数为"1.5mm"，延长方法选择"曲率"。点击左上角 ✓ 按钮，退出延长曲面模式。

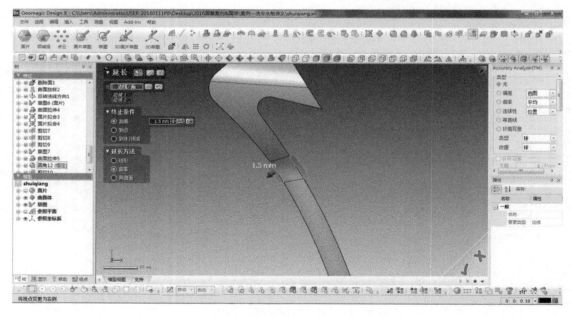

图 6-56　创建延长曲面

点击 （剪切曲面）按钮，如图 6-57 所示，工具要素选择"曲面拉伸 5_1 和曲面拉伸 5_2"，对象选择"曲面放样 3"，残留体选择如图 6-57 所示区域，点击左上角 ✓ 按钮，退出剪切曲面模式。

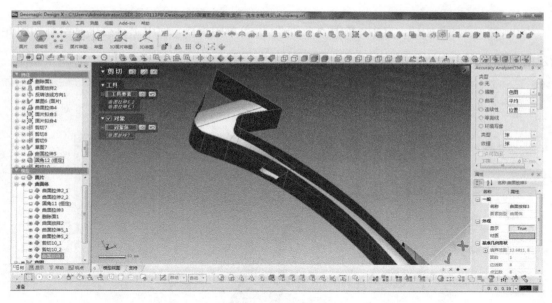

图 6-57 创建曲面剪切

点击 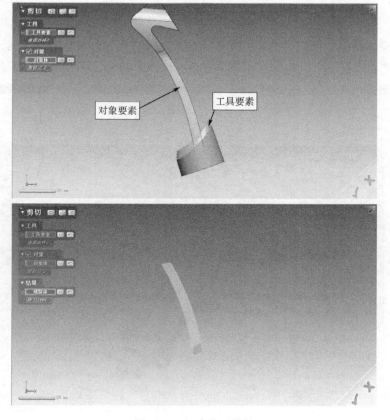（剪切曲面）按钮，如图 6-58 所示，工具要素选择"曲面放样 2"，对象选择"剪切 10_2"，残留体选择如图 6-58 所示区域，点击左上角 按钮，退出剪切曲面模式。

图 6-58 创建曲面修剪

点击 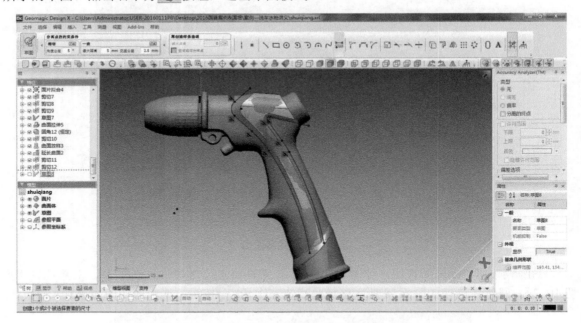（草图）按钮，点击"前基准平面"，进入草图模式，使用工具栏工具绘制如图 6-59 所示的草图。点击右下方 按钮，退出草图模式。

图 6-59 创建曲线轮廓

点击 （拉伸曲面）按钮，进入拉伸曲面模式，选择上述绘制面片草图 8，如图 6-60 参数设置所示，拉伸方法为距离，长度设置为 20mm，拉伸曲面 4，方向如图 6-60 所示。

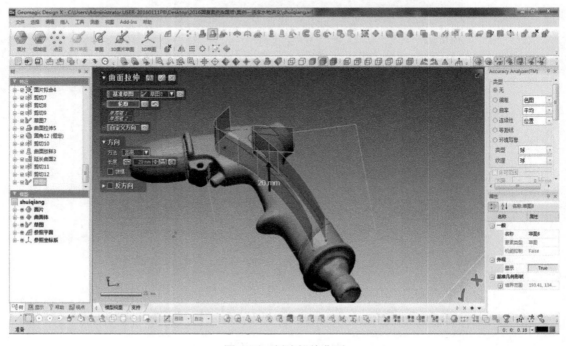

图 6-60 创建拉伸曲面

点击 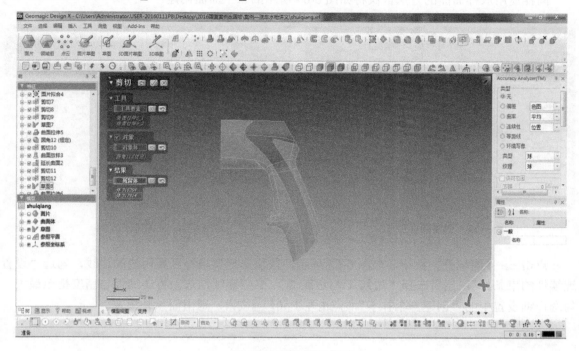 （剪切曲面）按钮，如图 6-61 所示，工具要素选择"拉伸曲面 6_1 与拉伸曲面 6_2"，对象选择"圆角 11"，残留体选择如图 6-61 所示区域，点击左上角 ✅ 按钮，退出剪切曲面模式（随后把拉伸曲面 6_1 与拉伸曲面 6_2 隐藏）。

图 6-61　创建剪切曲面

点击 🗐 （缝合）按钮，曲面体选择如图 6-62 所示三个曲面，点击下一阶段，点击左上角 ✅ 按钮，退出缝合曲面模式。

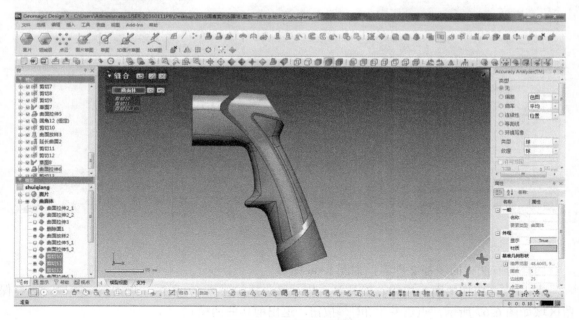

图 6-62　创建缝合曲面

　　点击 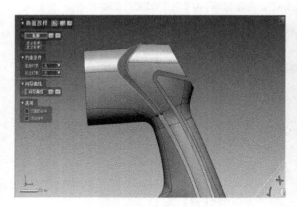（放样）按钮，如图 6-63 所示，轮廓选择两曲面的边线，约束条件下起始约束与终止约束选择"无"，点击左上角 ✅ 按钮，退出放样曲面模式。

　　同样使用放样曲面的方法依次将如图 6-64 所示的三个曲面创建。

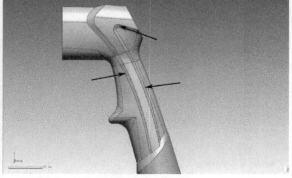

| 图 6-63　创建曲面放样 | 图 6-64　创建曲面放样 |

　　点击 ◇（面填补）按钮，如图 6-65 所示，依次选择要填补区域周边的边线，勾选"设置连续性约束条件"，然后选择"边线 1 与边线 2"，高级连续性选项将连续性与精度拖至最大，勾选详细设置中的"创建一个补丁"，点击左上角 ✅ 按钮，退出面填补模式。

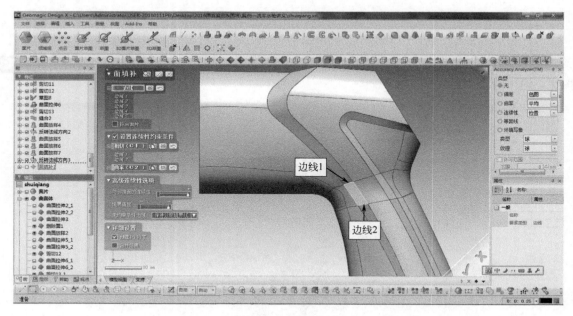

图 6-65　创建面填补

　　同样的方法将面填补 2 创建，如图 6-66 所示。

　　点击 ✐（剪切曲面）按钮，工具要素与对象选择如图 6-67 所示，点击下一阶段，选择保留区域如图 6-67 所示，点击左上角 ✅ 按钮，退出剪切曲面模式。

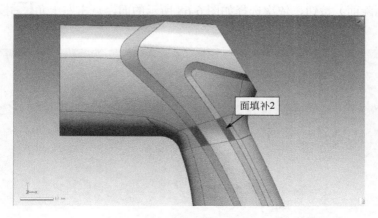

图 6-66 创建面填补

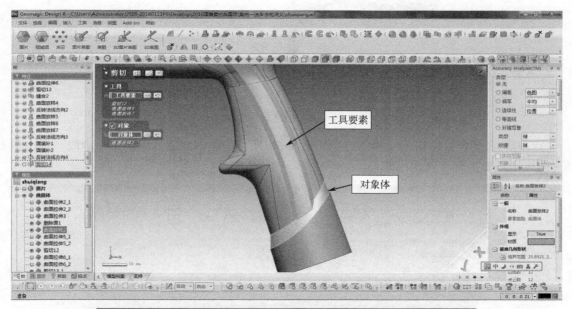

图 6-67 创建剪切曲面

点击 （删除面）按钮，依次选择如图 6-68 所示的面，点击左上角 按钮，退出删除面模式。

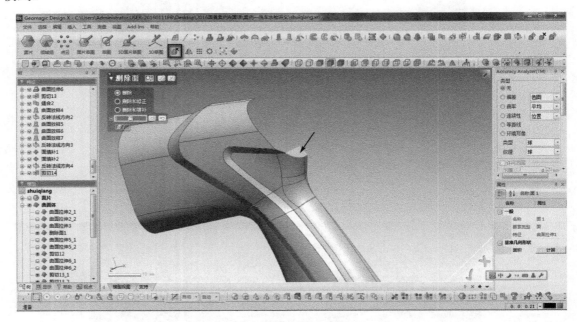

图 6-68　创建删除曲面

点击 （缝合）按钮，曲面体选择如图 6-69 所示的全部曲面，点击下一阶段，点击左上角 按钮，退出缝合曲面模式。

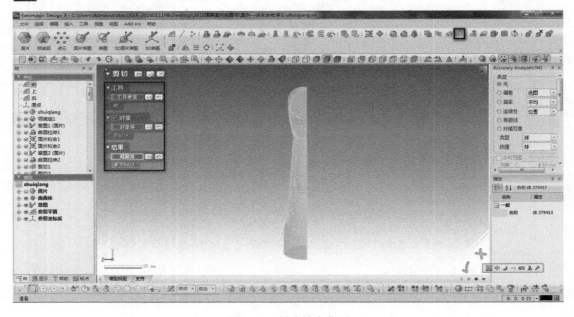

图 6-69　创建缝合曲面

（10）将手柄部分缝合为实体。对称之前为了防止之前所有的操作中有些曲面超出了对称平面，所以先用对称平面剪切缝合的曲面，然后对称合并。点击 （剪切曲面）按钮，如图 6-70

所示，工具要素选择（前基准面）与对象选择缝合的曲面，如图 6-70 所示，点击下一阶段，选择保留区域如图 6-70 所示，点击左上角 ✓ 按钮，退出剪切曲面模式。

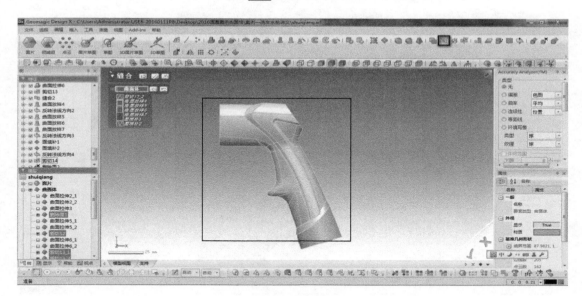

图 6-70　创建缝合曲面

点击 ◢◣（镜像）按钮，选择要镜像的曲面，对称平面选择"前基准面"，点击左上角 ✓ 按钮，完成镜像，如图 6-71 所示。

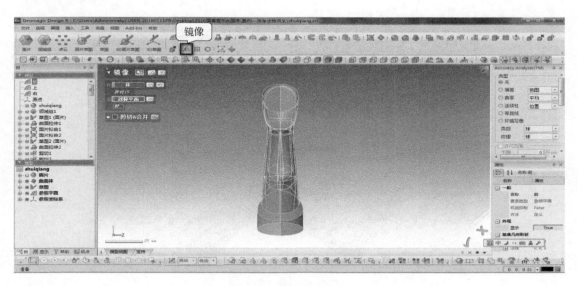

图 6-71　创建镜像特征

点击 ◩（缝合）按钮，曲面体选择如图 6-72 所示的全部曲面，点击下一阶段，点击左上角 ✓ 按钮，退出缝合曲面模式。

点击 ◆（面填补）按钮，如图 6-73 所示，依次选择要填补区域周边的边线，勾选详细设置中的"创建一个补丁"，点击左上角 ✓ 按钮，退出面填补模式。

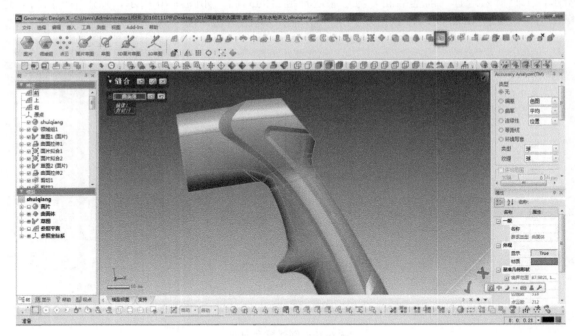

图 6-72　创建缝合特征

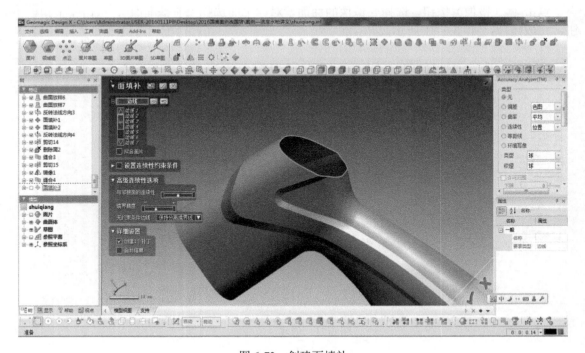

图 6-73　创建面填补

最后使用缝合的方法，把所有曲面缝合，当所有的曲面构成一个封闭的空间曲面时，软件会自动将这个封闭的曲面合并为一个实体，如图 6-74 所示。

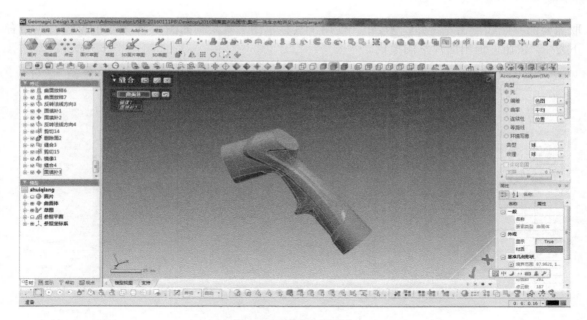

图 6-74 创建曲面缝合

点击 (圆角）按钮，要素选择如图 6-75 所示对称中心线上的棱线边，手动将半径值调整为 5mm。点击左上角 按钮，退出倒圆角模式。

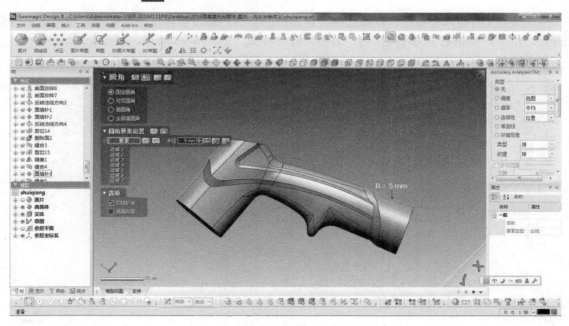

图 6-75 创建实体圆角

手柄构建完成。

### 3．水枪喷头与进水接口进行建模

（1）点击 （面片草图）按钮，点击"前基准面"为基准平面，进入面片草图模式，截取需要的参照线点击左上角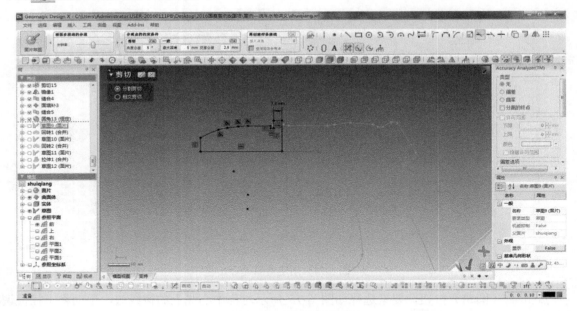按钮。使用工具栏草图工具绘制如图 6-76 所示的草图。点击右下方 ✓ 按钮，退出面片草图模式。

图 6-76　创建面片草图

点击 ⌖（回转体）按钮，轮廓选择上述绘制的草图，轴线选择草图中的中心线，结果运算选择"合并"。点击右下方 ✓ 按钮，退出回转体模式，如图 6-77 所示。

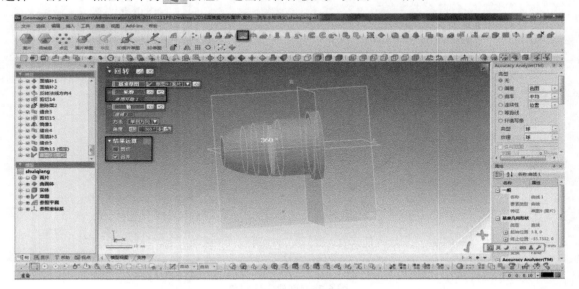

图 6-77　创建回转实体特征

（2）点击 ✏（面片草图）按钮，点击"前基准面"为基准平面，进入面片草图模式，截取需要的参照线点击左上角 ✓ 按钮。使用工具栏草图工具绘制如图 6-78 所示的草图。点击右下方 ✓ 按钮，退出面片草图模式。

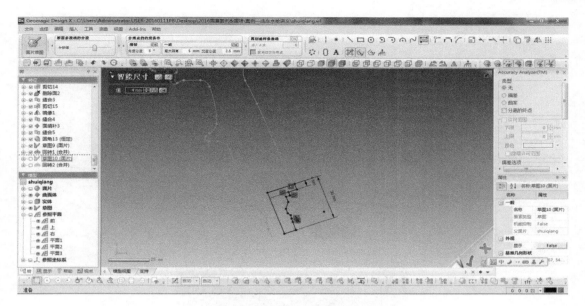

图 6-78　创建面片草图

点击（回转体）按钮，轮廓选择上述绘制的草图，轴线选择草图中的中心线，结果运算选择"合并"。点击右下方　按钮，退出回转体模式，如图 6-79 所示。

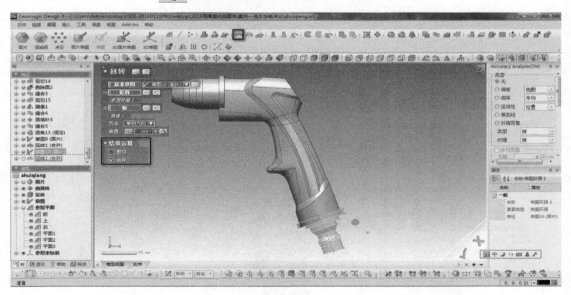

图 6-79　创建回转实体特征

点击　（面片草图）按钮，点击如图 6-80 所示平面为基准平面，进入面片草图模式，截取需要的参照线点击左上角　按钮。使用工具栏草图工具绘制如图 6-80 所示的草图。点击右下方　按钮，退出面片草图模式。

点击　（拉伸实体）按钮，轮廓选择上述草图，拉伸距离为"10mm"，拉伸方向如图 6-81 所示，结果运算选择"剪切"。点击右下方　按钮，完成创建。

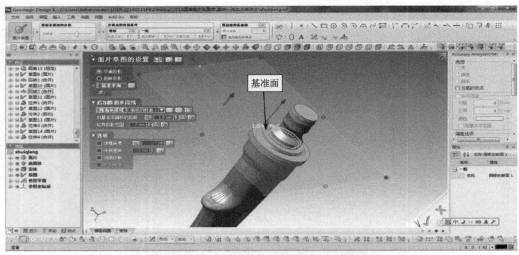

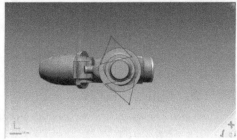

图 6-80  创建面片草图

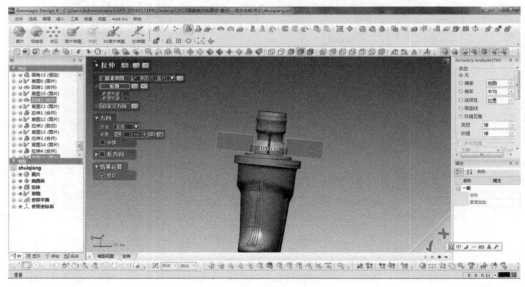

图 6-81  创建拉伸实体特征

（3）点击 （面片草图）按钮，点击"弹簧盖顶端领域"为基准平面，进入面片草图模式，截取需要的参照线，点击左上角 按钮。使用工具栏草图工具绘制如图 6-82 所示的草图。点击右下方 按钮，退出面片草图模式。

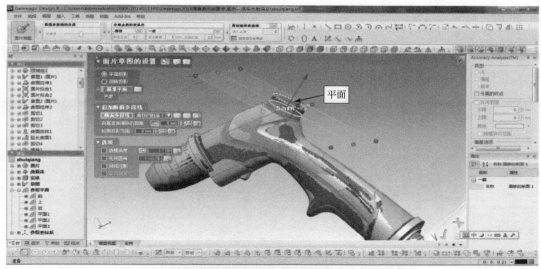

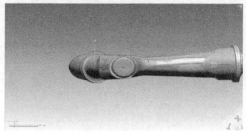

图 6-82 创建面片草图

点击 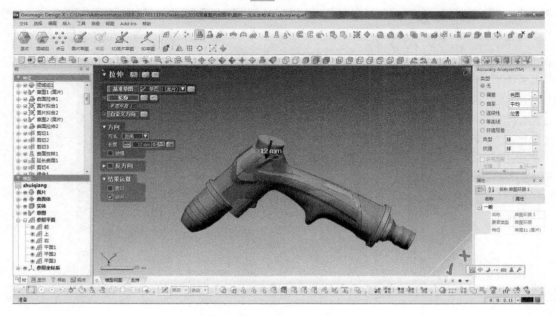（拉伸实体）按钮，轮廓选择上述草图，拉伸距离为"12mm"，拉伸方向如图 6-83 所示，结果运算选择"合并"。点击右下方 按钮，完成创建。

图 6-83 创建拉伸实体特征

（4）点击 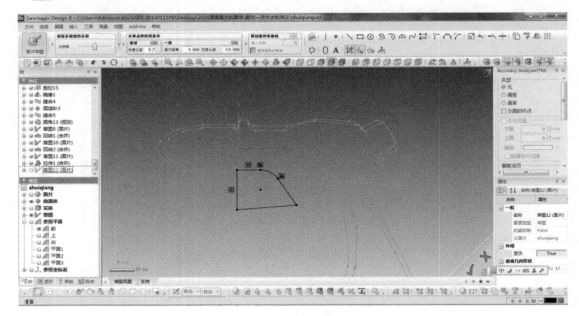（面片草图）按钮，点击"前基准面"为基准平面，进入面片草图模式，截取需要的参照线点击左上角 按钮。使用工具栏草图工具绘制如图 6-84 所示的草图。点击右下方 按钮，退出面片草图模式。

图 6-84　创建面片草图

点击 （拉伸实体）按钮，轮廓选择上述草图，拉伸距离为"20mm"，反方向拉伸距离同为"20mm"，如图 6-85 所示，结果运算选择"剪切"。点击右下方 按钮，完成创建。

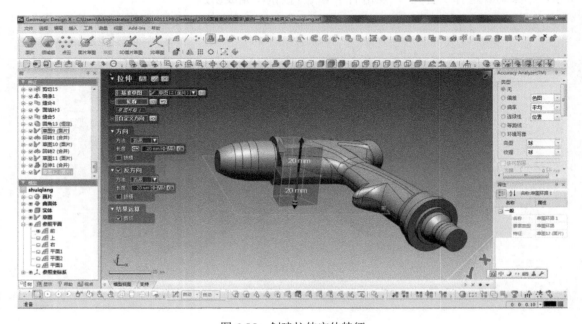

图 6-85　创建拉伸实体特征

点击 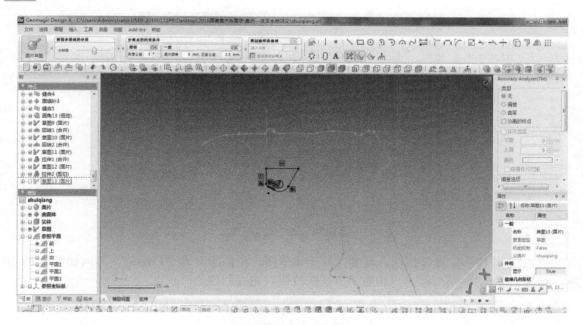（面片草图）按钮，点击"前基准面"为基准平面，进入面片草图模式，截取需要的参照线点击左上角 ✅ 按钮。使用工具栏草图工具绘制如图 6-86 所示的草图。点击右下方 🥄 按钮，退出面片草图模式。

图 6-86　创建面片草图

点击 🥄（拉伸实体）按钮，轮廓选择上述草图，拉伸距离为"7mm"，反方向拉伸距离同为"7mm"，如图 6-87 所示，结果运算选择"合并"。点击右下方 🥄 按钮，完成创建。

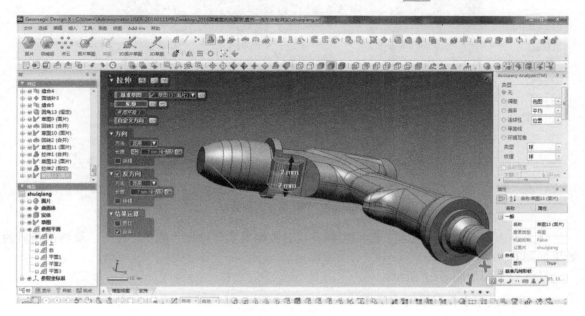

图 6-87　创建拉伸实体

点击 ✍（面片草图）按钮，点击如图 6-88 所示的平面领域，进入面片草图模式，截取需要的参照线点击左上角 ✓ 按钮。使用工具栏草图工具绘制如图 6-88 所示的草图。点击右下方 🖱 按钮，退出面片草图模式。

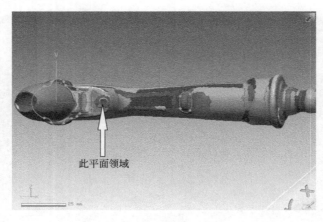

图 6-88　创建面片草图

点击 🖱（拉伸实体）按钮，轮廓选择上述草图，拉伸距离为"15mm"，方向如图 6-89 所示，结果运算选择"合并"。点击右下方 🖱 按钮，完成创建。

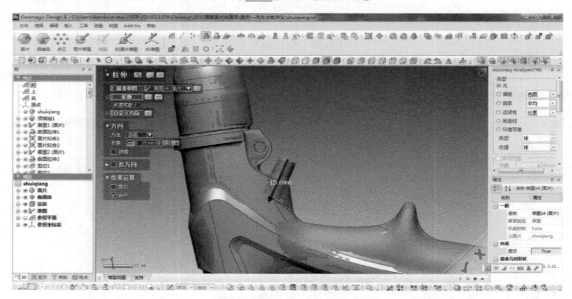

图 6-89　创建拉伸实体特征

（5）点击 🖱（圆角）按钮，参照实物及点云数据对实体进行"圆角"操作。最终倒角后的效果如图 6-90 所示。

最终效果图如图 6-91 所示。

**4. 完成汽车水枪三维逆向建模**

保存文件，退出 Geomagic Design X。

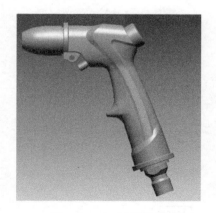

图 6-90　完成模型创建

图 6-91　误差校验效果

## 【填写"课程任务报告"】

### 课程任务报告

| 班级 | | 姓名 | | 学号 | | 成绩 | |
|---|---|---|---|---|---|---|---|
| 组别 | | 任务名称 | 汽车水枪三维逆向建模 | | | 参考课时 | 8 学时 |
| 任务图样 | 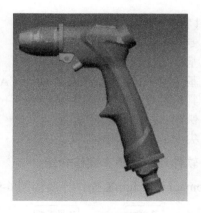<br>原始点云(.TXT/.ASC)　　面片数据(.STL)　　实体数据(.STP)<br><br>将扫描获取的.TXT 格式的三维点云数据经过 Geomagic Wrap 处理之后转化为.STL 格式的三角面片，经过 Geomagic Design X 曲面建模得到.STP 实体数据 | | | | | | |
| 任务要求 | 1. 熟练掌握草图基本命令、自由曲面构造相关命令<br>2. 掌握应用主体的方法和命令<br>3. 掌握规则特征与自由曲面的构建、模型领域的过渡方法 | | | | | | |
| 任务完成<br>过程记录 | 总结的过程按照任务的要求进行，如果位置不够可加附页（根据实际情况，适当安排拓展任务供同学分组讨论学习，此时以拓展训练内容的完成过程进行记录） | | | | | | |

## 【知识学习】

### 1．Geomagic Design X 简介

Geomagic Design X（原韩国 Rapidform XOR）是业界最全面的逆向工程软件，2013 年被 3D Systems 公司收购，结合基于历史树的 CAD 数模和三维扫描数据处理，使读者能创建出可编辑、基于特征的 CAD 数模，拥有强大的点云处理能力和正向建模能力，可以与其他三维软件无缝衔接，适合工业零部件的逆向建模工作。

软件特点：

◆ 专业的参数化逆向建模软件；

◆ 基于历史树的 CAD 建模；

◆ 基于特征的 CAD 数模与通用 CAD 软件兼容；

◆ 具有精度分析功能；

◆ 快速自由面片创建曲面；

◆ 尖端的曲线/草图工具。

**2. 软件界面及基本操作介绍**

Geomagic Design X 操作界面如图 6-92 所示。

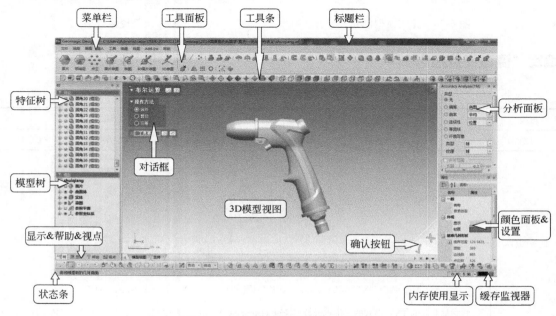

图 6-92　Geomagic Design X 操作界面

**3. 快捷键的使用**

◆ 左键：选择。

◆ 右键：旋转。

◆ 鼠标滚轮：缩放。

◆ Ctrl+右键：移动。

6.2

**1. 知识考核**

（1）针对不规则数据创建坐标系应注意什么？

（2）曲面较多的数据领域组应如何细分？

（3）创建坐标系的方式有哪些？

（4）误差分析时着重观察哪些特征？

（5）如何构建平滑的曲面？

**2．技能考核**

（1）在全国职业院校技能大赛官方网站（http://www.chinaskills-jsw.org/），工业产品数字化设计与制造赛项，下载历年考题训练。

（2）全国机械职业院校技能大赛-"三维天下杯"三维逆向建模与创新设计教师大赛网站下载历年考题，如 2015 年考题，如图 6-93 所示。

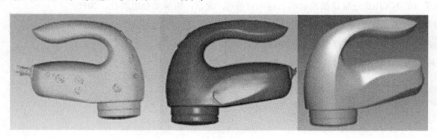

图 6-93　剃毛器

## 【项目小结】

通过本项目的学习，应掌握以下内容：

（1）模型坐标系、草图基本命令、自由曲面构造的基本功能等。

（2）面片草图、草图构造曲面、草图构造实体、误差分析各参数含义。

（3）自动分割点云领域、创建特征的方法和命令。

（4）掌握规则特征与自由曲面的构建、模型领域的过渡方法。

学会综合应用这些命令完成产品的逆向建模设计，熟练掌握逆向建模中的应用技巧。

# 参 考 文 献

[1] 郭圣路，芮鸿.SolidWorks 2007 从入门到精通（普及版）. 北京：电子工业出版社，2007.

[2] 陈乃峰. SolidWorks 2010 中文版三维设计案例教程. 北京：清华大学出版社，2014.

[3] 江洪，陈燎，王智. SolidWorks 有限元分析实例解析. 北京：机械工业出版社，2007.

[4] 邓劲莲. 机械产品三维建模图册. 北京：机械工业出版社，2014.

[5] 徐家忠，金莹. UG NX10.0 三维建模及自动编程项目教程. 北京：机械工业出版社，2016.

[6] 杨晓雪，闫学文. Geomagic Design X 三维建模案例教程. 北京：机械工业出版社，2016.

[7] 王冰. 工程制图. 北京：高等教育出版社，2015.

[8] 钱文伟. 工程制图. 北京：高等教育出版社，2015.